高等学校规划教材·计算机

信息安全政策与法规

王　成　陶林伟　苟燕妮　编

西北工业大学出版社

【内容简介】 本书以信息安全通常采取的安全措施(对策)为主线,系统地介绍了信息安全知识和技术,重点介绍了信息系统的安全运行和网络信息的安全保护,内容包括信息安全概述、网络安全法律法规、黑客和病毒、现代密码学、常规加密技术与应用、公钥加密技术、防火墙、电子邮件安全和 IP 安全以及身份认证等。

本书内容安排合理,逻辑性强,语言通俗易懂,书中实例的应用性和可操作性较强,便于教学和自学。

本书可作为高等院校计算机类专业本科生的教材,也可作为网络管理人员、网络工程技术人员、信息安全管理人员以及对网络安全感兴趣的一般读者的参考书。

图书在版编目(CIP)数据

信息安全政策与法规/王成,陶林伟,苟燕妮编.—西安:西北工业大学出版社,2014.1
ISBN 978-7-5612-3903-2

Ⅰ.①信… Ⅱ.①王… ②陶… ③苟… Ⅲ.①信息安全—方针政策—中国 ②信息安全—法规—中国 Ⅳ.①TP309②D922.14

中国版本图书馆 CIP 数据核字(2014)第 012929 号

出版发行:西北工业大学出版社
通信地址:西安市友谊西路 127 号　　邮编:710072
电　　话:(029)88493844　88491757
网　　址:www.nwpup.com
印 刷 者:陕西宝石兰印务有限责任公司
开　　本:787 mm×1 092 mm　1/16
印　　张:8.75
字　　数:207 千字
版　　次:2014 年 6 月第 1 版　　2014 年 6 月第 1 次印刷
定　　价:25.00 元

前　言

信息安全是一个不断发展和丰富的概念，它经历了从保密通信、计算机安全、信息安全到信息保障的演变。信息安全的需求也从保密性扩展到完整性、可用性、不可否认性和可控性。人们在不断探索和发现各种技术来满足信息安全需求的同时，逐渐认识到信息安全是一个综合的多层面问题。一个完整的国家信息安全保障体系应该包括信息安全法制体系，组织管理体系，基础设施、技术保障体系，经费保障体系和安全意识教育人才培养体系。

要保障信息安全，“三分靠技术，七分靠管理”，足见管理是信息安全保障的关键。信息安全管理的原则体现在政府制定的政策法规和机构部门制定的规范制度上。同时，信息安全技术蓬勃发展，形成了一个新的产业，规模化的信息安全产业发展需要技术标准来规范信息系统的建设和使用，生产出满足社会广泛需求的安全产品。

本书从信息安全政策与法规开始，引入信息安全的概念和应用，在内容选取上，既注意理论的系统性，又兼顾材料的多样性，突出了理论与实践的结合，并且在传统信息安全政策与法规的基础上加入了案例分析，彰显了特色。

本书分为 9 章，内容安排如下：

第 1 章主要阐述了信息安全的有关概念，包括信息安全的定义、特征、内容、体系结构等。

第 2 章介绍了网络安全相关的法律法规，包括案例分析、我国网络安全立法体系框架、计算机犯罪的防范和打击、网络安全管理要求、安全服务及产品的管理要求、信息系统安全等级保护的基本技术要求、中华人民共和国电子签名法等。

第 3 章介绍了黑客和病毒，内容包括以往计算机病毒的特点分析以及今后病毒的发展趋势、黑客的概念及常用的入侵方法和采取的应对安全措施。

第 4 章介绍了现代密码学，主要介绍密码学基本概念，密码体制的分类，密码攻击(分析)，密码学的起源、发展及实例，密码学的现状和发展趋势。

第 5 章介绍了常规加密技术与应用，这一章是本书的重点章节，主要内容有现代密码学概论、常规加密技术理论与算法实现、加密技术的应用等。

第 6 章介绍了公钥加密技术，主要介绍了非对称加密算法原理，RSA 算法的原理及算法实现、Diffie - Hellman 密钥交换算法及其他非对称密码算法的原理。

第 7 章介绍了防火墙，包括防火墙的概念、功能和类型，防火墙技术，防火墙的体系结构，防火墙的选择，防火墙的发展趋势及应用。

第 8 章介绍了电子邮件安全和 IP 安全，包括电子邮件安全的概念、加密方法及实现手段，IP 安全的结构、关键参数、密钥交换等。

第 9 章介绍了身份认证技术，包括身份认证技术概述、基于口令的身份认证、Kerberos 身份认证协议、基于 X509 的身份认证以及基于生物特征的身份认证等。

在本书编写过程中，参阅了大量国内外相关的资料和文献，在此对这些参考资料的作者深表谢意！

由于水平有限，书中难免有不妥之处，敬请读者批评指正。

编　者

2014 年 5 月

目 录

第1章　信息安全概述

信息是人类的宝贵资源，是否能大量而有效地利用信息是衡量社会发展水平的重要标志之一，也是影响国家综合实力的重要因素。对信息的开发、控制和利用是信息处理的主要目标，但如何有效地保护信息的安全也是很重要的研究课题，是国家现在与未来安全保障的迫切需求。

信息安全指的是保护计算机信息系统中的资源（包括计算机硬件、计算机软件、存储介质、网络设备和数据等）免受毁坏、替换、盗窃或丢失等。信息系统的安全主要包括计算机系统的安全和网络方面的安全。随着网络的不断发展，全球信息化已成为人类发展的趋势。由于网络具有开放性和互联性等特征，使得网络易受计算机病毒、黑客、恶意软件和其他不轨行为的攻击，因此信息系统的安全也就成为了一项很重要的工作。

1.1　信息安全定义

信息是一种资产，同其他重要的商业资产一样，它对其所有者而言具有一定的价值。信息可以以多种形式存在，它能被打印或者写在纸上，能够数字化存储，也可以由邮局或者用电子方式发送，还可以在电影中展示或者在交谈中提到。无论以何种形式存在，或者以何种方式共享或存储，信息都应当得到恰当的保护。

国际标准化组织和国际电工委员会在“ISO/IECl7799:2005”协议中对信息安全的定义是这样描述的：“保持信息的保密性、完整性、可用性；另外，也可能包含其他的特性，例如真实性、可核查性、抗抵赖和可靠性等。”

对信息安全的描述大致可以分成两类：第一类是指具体的信息技术系统的安全，而另一类则是指某一特定的信息体系（如银行信息系统、证券行情与交易系统等）的安全。但也有人认为这两种定义都不全面，而应把信息安全定义为：一个国家的社会信息化状态与信息技术体系不受外来的威胁与侵害。作为信息的安全首先是一个国家宏观的社会信息化状态是否处于自主控制之下、是否稳定的问题，其次才是信息技术安全的问题。

因此，信息安全的作用是保护信息不受到大范围的威胁和干扰，能保证信息流的顺畅，减少信息的损失。

1.2　信息安全特征

无论入侵者使用何种方法和手段，他们的最终目的都是要破坏信息的安全属性。信息安全在技术层次上的含义就是要杜绝入侵者对信息安全属性的攻击，使信息的所有者能放心地使用信息。国际标准化组织将信息安全归纳为保密性、完整性、可用性和可控性四个特征。

保密性是指保证信息只让合法用户访问，信息不泄露给非授权的个人和实体。信息的保密性可以具有不同的保密程度或层次，所有人员都可以访问的信息为公开信息，需要限制访问的信息一般为敏感信息，敏感信息又可以根据信息的重要性及保密要求分为不同的密级，例如国家根据秘密泄露对国家经济、安全利益产生的影响，将国家秘密分为“秘密”“机密”和“绝密”三个等级，可根据信息安全要求的实际，在符合《国家保密法》的前提下将信息划分为不同的密级。对于具体信息的保密性还有时效性要求等(如保密期限到期了即可进行解密等)。

完整性是指保障信息及其处理方法的准确性、完全性。它一方面是指信息在利用、传输、存储等过程中不被篡改、丢失、缺损等，另一方面是指信息处理的方法的正确性。不正当的操作，有可能造成重要信息的丢失。信息完整性是信息安全的基本要求，破坏信息的完整性是影响信息安全的常用手段。例如，破坏商用信息的完整性可能就意味着整个交易的失败。

可用性是指有权使用信息的人在需要的时候可以立即获取。例如，有线电视线路被中断就是对信息可用性的破坏。

可控性是指对信息的传播及内容具有控制能力。实现信息安全需要一套合适的控制机制，如策略、惯例、程序、组织结构或软件功能，这些都是用来保证信息的安全目标能够最终实现的机制。例如，美国制定和倡导的“密钥托管”“密钥恢复”措施就是实现信息安全可控性的有效方法。

不同类型的信息在保密性、完整性、可用性及可控性等方面的侧重点会有所不同，如专利技术、军事情报、市场营销计划的保密性尤其重要，而对于工业自动控制系统，控制信息的完整性相对其保密性则重要得多。

确保信息的完整性、保密性、可用性和可控性是信息安全的最终目标。

1.3 信息安全内容

信息安全的内容包括了实体安全与运行安全两方面的含义。实体安全是保护设备、设施以及其他硬件设施免遭地震、水灾、火灾、有害气体和其他环境事故以及人为因素破坏的措施和过程。运行安全是指为保障系统功能的安全实现，提供一套安全措施来保护信息处理过程的安全。信息安全的内容可以分为计算机系统安全、数据库安全、网络安全、病毒防护安全、访问控制安全、加密安全六个方面。

计算机系统安全是指计算机系统的硬件和软件资源能够得到有效的控制，保证其资源能够正常使用，避免各种运行错误与硬件损坏，为进一步的系统构建工作提供一个可靠安全的平台。

数据库安全是指对数据库系统所管理的数据和资源提供有效的安全保护。一般采用多种安全机制与操作系统相结合，实现数据库的安全保护。

网络安全是指对访问网络资源或使用网络服务的安全保护，为网络的使用提供一套安全管理机制。例如，跟踪并记录网络的使用，监测系统状态的变化，对各种网络安全事故进行定位，提供某种程度的对紧急事件或安全事故的故障排除能力。

病毒防护安全是指对计算机病毒的防护能力，包括单机系统和网络系统资源的防护。这种安全主要依赖病毒防护产品来保证，病毒防护产品通过建立系统保护机制，达到预防、检测和消除病毒的目的。

访问控制安全是指保证系统的外部用户或内部用户对系统资源的访问以及对敏感信息的访问方式符合事先制定的安全策略，主要包括出入控制和存取控制。出入控制主要是阻止非授权用户进入系统；存取控制主要是对授权用户进行安全性检查，以实现存取权限的控制。

加密安全是为了保证数据的保密性和完整性，通过特定算法完成明文与密文的转换。

例如，数字签名是为了确保数据不被篡改；虚拟专用网是为了实现数据在传输过程中的保密性和完整性而在双方之间建立的唯一的安全通道。

1.4　OSI 信息安全体系结构

为了适应网络技术的发展，国际标准化组织的计算机专业委员会根据开放系统互连 OSI 参考模型制定了一个网络安全体系结构《信息处理系统开放系统互连基本参考模型第二部分——安全体系结构》，即 ISO 7498—2，它主要解决网络信息系统中的安全与保密问题，我国将其作为 GB/T 9387—2 标准，并予以执行。该模型结构中包括五类安全服务以及提供这些服务所需要的八类安全机制。

安全服务是由参与通信的开放系统的某一层所提供的服务，是针对网络信息系统安全的基本要求而提出的，旨在加强系统的安全性以及对抗安全攻击。ISO 7498—2 标准中确定了五大类安全服务，即鉴别、访问控制、数据保密性、数据完整性和禁止否认。

鉴别服务用于保证双方通信的真实性，证实通信数据的来源和去向是我方或他方所要求的和认同的，包括对等实体鉴别和数据源鉴别。

访问控制服务用于防止未经授权的用户非法使用系统中的资源，保证系统的可控性。访问控制不仅可以提供给单个用户，也可以提供给用户组。

数据保密性服务的目的是保护网络中各系统之间交换的数据，防止因数据被截获而造成泄密。

数据完整性服务用于防止非法用户的主动攻击（如对正在交换的数据进行修改、插入，使数据延时以及丢失数据等），以保证数据接收方收到的信息与发送方发送的信息完全一致。它包括可恢复的连接完整性、无恢复的连接完整性、选择字段的连接完整性、无连接完整性、选择字段的无连接完整性。

禁止否认服务用来防止发送数据方发送数据后否认自己发送过的数据，或接收方接收数据后否认自己收到过数据。它包括不得否认发送和不得否认接收。

安全机制可以分为两类，一类与安全服务有关，是实现安全服务的技术手段；另一类与管理功能有关，用于加强对安全系统的管理。ISO 7498—2 提供了 8 大类安全机制，分别是加密机制、数据签名机制、访问控制机制、数据完整性机制、认证交换机制、防业务填充机制、路由控制机制和公证机制。

第 2 章　网络安全法律法规

2.1　典型案例

案例 1:网络盗窃

丽水的女网民潜某在淘宝网上盗窃文成县金某的游戏充值卡 11 万余元,贱卖后非法获利 6 万余元供自己挥霍。这名自以为神不知鬼不觉的女黑客很快就落入法网,被文成县人民法院一审判刑 10 年,并处罚金 2 万元。

2008 年 2 月 20 日晚 9 时许,潜某在丽水市莲都区灯塔小区其家中,通过密码找回的功能,破解了金某在淘宝网上的用户名“llm78”的密码,并修改了该用户名的密码。次日凌晨,潜某在丽水市阳光地带网吧及其家中,用修改后的密码登录“llm78”的用户名,窃取了金某所有的1 457张“征途”游戏充值卡和 70 张盛大游戏充值卡,并在网上以 5 至 6 折的价格出售,非法获利 6 万余元人民币。

第二天早上,金某发现自己的用户名 llm78 已不能登录,经与淘宝的管理员联系后终于登录上去,但发现里面的游戏卡都已被使用。淘宝管理员为他提供了一些账号登录的信息,金某随后到文成县公安局报案。网监大队的民警通过淘宝网交易的上网 IP 地址,发现交易在丽水进行,迅速锁定了这名女黑客,并前往丽水将潜某抓捕归案。

经文成县涉案物品价格认证中心鉴定,金某被盗游戏充值卡的价值为人民币 11.7 万元。案发后,潜某家属赔偿了经济损失计人民币 6 万元。

文成县人民检察院以盗窃罪对潜某提起了公诉,要求追究其刑事责任。法院经审理认为,潜某以非法占有为目的,通过破解密码的方式,盗取他人能实现财产价值的财物,数额特别巨大,其行为已构成盗窃罪。鉴于家属对经济损失作了部分赔偿,酌情从轻处罚。判处潜某有期徒刑 10 年,并处罚金人民币 2 万元,同时责令潜某退赔违法所得给金某。

案例 2:网络诈骗

4 名少年痴迷网络游戏,在互联网上以出售网络游戏装备为名,数十次诈骗他人钱财。近日,安徽马鞍山市花山区人民法院审结了这起网络诈骗案,依法对 4 名被告人判刑。

马鞍山市花山区人民法院审理查明,马某、周某、张某和陈某四人出生于上世纪 80 年代,都痴迷网络游戏。因玩游戏花钱,四人商量利用网络骗钱。随后,他们办理了假身份证,利用伪造证件在银行开设账户,购买手机卡。同时,四人还在网上申请了网站,挂上了各种网络装备、金币的信息,以骗取被害人信任。2008 年 4 月,被告人在一款名为《诛仙》的网络游戏中,以 255 元低价出售网络装备。受害人与被告人达成一致意见后,向被告人银行账户汇入 255

元。但被告人以银行账户无法激活为借口，要求对方必须再汇款激活账户，激活后再将钱款退回，先后 9 次骗得受害人人民币 15 800 多元。2008 年 7 月，被告人又在一款名为《魔兽世界》的网络游戏中，以低价代刷游戏装备为由，骗取受害人 1 100 元，又以激活银行账户为由骗取对方 16 400 多元。四人先后实施诈骗 20 多次，诈骗总金额达 6 万多元。2008 年 7 月 18 日，4 名被告人被抓获。经公安机关查明，马某曾有网络诈骗前科，被法院判处拘役 4 个月，宣告缓刑 1 年。

法院经审理认为，4 名被告人以非法占有为目的，采取虚构事实、隐瞒真相的方法骗取他人财物，构成诈骗罪。其中，马某、周某骗取他人现金人民币 35 000 多元，数额巨大，张某和陈某诈骗金额 26 000 多元，数额较大。法院遂依法宣判。马某被判处有期徒刑 3 年 6 个月，罚金 3 万元，周某被判处有期徒刑 3 年，宣告缓刑 3 年，罚金 2 万元，其他两名被告人被判处缓刑。

案例 3：网络虚拟财产的保护

2003 年 2 月 17 日，网络游戏《红月》的玩家李某发现自己游戏中所有装备被盗。他感到自己的权利遭到了侵犯，就将运营商北极冰公司起诉至北京市朝阳区法院，要求对方赔偿丢失的装备，公开赔礼道歉。北京市朝阳区法院受理了此案并于当年 12 月 18 日作出一审判决，认定被告侵犯虚拟财物的事实成立，但因虚拟财产的价值在现实生活中没有统一标准，故判定被告在判决生效 7 日内恢复原告丢失的武器装备。

网络游戏自 1999 年正式登陆中国，现在已经形成一个庞大、高速增长的新兴市场，但是因“网财”而衍生的纠纷更是层出不穷，“网财”的保护已经是个迫在眉睫的问题。为了网络游戏业的健康发展，必须加强对“网财”的立法保护，事实上，立法的滞后，在某种意义上已经制约了我国游戏产业的快速发展，可以想象，如果我们能够尽快地完善立法，加强对“网财”的保护，必将大大促进我国游戏产业的更快发展，使其成为我国经济的新的增长点。

现在保护“网财”我们所能依据的只是《宪法》和《民法通则》以及 2000 年底全国人民大会常务委员会制定的《关于维护互联网安全的决定》（以下简称《决定》）的笼统规定，即 2004 年修正后的中华人民共和国宪法第十三条有关规定：“公民的合法的私有财产不受侵犯。国家依照法律规定保护公民的私有财产权和继承权。”这一合法私有财产的概括规定为民法财产的解释提供了极大的空间；《民法通则》第 75 条规定：“公民的个人财产，包括公民的合法收入、房屋、储蓄、生活用品、文物、图书资料、林木、牲畜和法律允许公民所有的生产资料以及其他合法财产。”然而对于“其他合法财产”，我国法律并无明确的解释，也给我们对其解释提供了空间；2000 年的《决定》第四条规定利用互联网犯罪，追究刑事责任；侵犯他人合法权益，依法承担民事责任。这个《决定》对“网财”的保护依然没有明确，但是也没有否定对“网财”的保护，这同样也给司法解释提供了空间。至于《消费者权益保护法》，虽然规定了消费者的多达 9 项权利，但是游戏者对其“网财”的权利并没有包括在内。当然，游戏者和游戏商的关系也是一种消费关系，但是依靠该法并不能保护游戏者的权益，更何况，“网财”被侵犯不仅涉及游戏商和游戏者，还常常涉及第三方，也因而往往超出了该法的调整范围。

面对当前立法现状，只有加强立法，尽快针对急需问题颁布相关法律和司法解释予以规范，特别是在指导打击网络犯罪的刑事方面。建议先尽快颁布司法解释，待条件成熟时再立法，因为毕竟立法是一项系统工程，需要经过建议、计划、草案等诸多环节，旷日持久，因而无法解决现在面临的问题。司法解释并非创立新法，可以较快制定，程序也较为简单。前文已述，我国现行的法律规定也为先从司法解释的角度对“网财”进行保护提供了可能。

在最高人民法院和最高人民检察院进行司法解释的时候，首先应当明确“网财”的属性。司法解释应当明确规定该财产属于《民法通则》第75条合法财产的一种，在某种意义上可以认为是公民合法收入的一种，《刑法》第92条规定的所谓公民私有财产是包含该财产权的，从而为民法和刑法对“网财”的保护提供了客观的科学依据。同时，由于现代社会经济和科学技术的发展，狭义概念的物已经不符合实际生活的需要，这样解释也在理论上廓清了其可以作为物权的客体，消除了理论上对“网财”法律属性的争论，也符合现状。其次应当明确这种无形财产价值的计算方法，必要时，可以成立或者指定专门的机构予以评估。若其价值无法认定，将无法适用《民法通则》特别是《刑法》等法律条文予以保护。但相关案件不断发生，为指导司法实践、统一司法者的认识，必须尽快解决虚拟物品的价值认定问题。在具体解释时，最迫切的是刑法的解释应当尽快出台，因为在涉及虚拟网络的民事审判中还可依靠法官自由裁量，而在涉及虚拟网络的刑事案件则因法无明文规定无法处理，事实上造成对罪犯的放纵，在很多地方有的网民发现自己的“网财”被盗去派出所报案，而派出所则因“网财”的保护法律没有规定而且价值不能确定，则无法处理将报案人拒之门外，不能不让法律工作者扼腕叹息。此外这个法律上的空白也助长和刺激了对“网财”的肆意侵犯，诸如网上的盗窃、诈骗等的犯罪不断发生。对于“网财”的民法的保护，鉴于我国正在制定民法典，如果条件成熟可以考虑先于刑法在民法典中做出适当的规定。

总之，“网财”的保护是私有财产入宪以后一个很现实、很重要的问题，因为这不仅关系到网络游戏玩家和游戏商的利益，还关系到网络游戏的长远发展，关系到我国国民经济的长远发展，我们只有顺应新技术的发展要求，对传统制度做出因时制宜的修改，赋予其新的生命力，在社会各方特别是立法机关的共同努力下才能真正促进对“网财”的保护。

案例4：网络赌博案

从国外赌博网站取得网络赌博代理权，形成以股东形式为结构的坐庄赌博犯罪团伙。公诉机关指控，该团伙账号下管理的投注金额高达1.6亿多元。16日上午9点，涉案的8名被告人在天津市和平区人民法院受审。其中被告人刘某、魏某、宫某系女性。

公诉机关指控，2011年，被告人高某从菲律宾“太阳城”赌博网站上级代理处取得两个管理账号的网络赌博代理权，代理网络百家乐赌博活动。后发展被告人徐某、任某及王某、李某(另案处理)形成以股东形式为结构的坐庄赌博犯罪团伙，并于同年6月制作生成一坐庄管理账号。为达到非法营利目的，该团伙又积极发展被告人张某等人为下级代理，并利用坐庄管理账号为被告人张某制作生成下级管理账号。

至2011年7月案发，被告人高某、任某坐庄管理账号下的投注金额为1.6亿多元。被告人张某管理账号下的投注金额为479万多元。2011年7月13日，被告人高某利用其管理的账号，为被告人刘某制作生成下级管理账号，发展被告人刘某为下级代理。被告人刘某又利用管理账号制作生成两个会员账号，发展被告人魏某为下线参与网络百家乐赌博投注活动。魏某以营利为目的，在天津市河北区王串场某小区，组织杜某、倪某等多人使用两个会员账号，登录菲律宾“太阳城”赌博网站，进行网络百家乐赌博投注活动，至2011年7月15日案发，魏某两个会员账号下的投注金额为48万多元。

2011 年 4 月至 7 月间，被告人宫某以营利为目的，在天津市和平区南京路某地和河北区王串场某小区，组织存某、许某等人，通过电话或传真上报给上家的方式，进行网络六合彩特码赌博投注活动，至 2011 年 7 月 15 日案发，宫某代为投注金额为 45 万多元。

2011 年 5 月至 7 月间，被告人周某以营利为目的，在天津市河北区某小区，组织李某、邱某等人使用其从上家获得的账号，登录网上六合彩赌博网站，进行网络六合彩特码赌博投注活动，至 2011 年 7 月 15 日案发，周某账号下的投注金额为 8 万多元。经群众举报，公安机关于 2011 年 7 月 15 日将任某、徐某等人抓获，7 月 29 日将高某抓获。

法庭上，本案公诉人认为，应当以开设赌场罪追究被告人高某、任某等人刑事责任，以赌博罪追究被告人魏某、宫某等人刑事责任。

面对公诉机关指控，8 名被告人对其所犯罪行均供认不讳。高某辩护人、天津市国浩（天津）律师事务所王建人律师辩称，证据显示，王某、徐某、任某等人先是一起商量在网络上坐庄赌博，然后决定由高某去找个账号，并不是高某先取得账号再发展其他 4 个股东坐庄赌博犯罪。高某、王某等被告是下级代理主动申请成为其一级代理。王律师表示，被告人从有账号实施网络赌博至案发，仅 26 天时间，时间短，发展的赌博级别少，虽然投注额大，但实际投入赌资很少，故不应认定为“开设赌场情节严重”。

案例 5：破坏计算机信息系统案

刑法修正案（七）公布实施前对于制作、传播木马程序，影响计算机系统正常运行，后果严重的，以破坏计算机信息系统罪定罪处罚。修正案公布后，增加了非法获取计算机信息系统罪和提供侵入计算机信息系统程序、工具罪等两款规定，对制作、传播木马程序行为产生不同法律认定。因此，对于该刑法修正案公布前实施而在公布后审理的通过制作、提供专门用于侵入计算机信息系统的木马程序以及利用传播木马程序获取他人存储、处理或者传输的数据，情节严重的行为，应当根据刑法从旧兼从轻的溯及力原则，分别以提供侵入计算机信息系统程序罪和非法获取计算机信息系统数据罪论处。

2007 年 6 月，被告人吕某、曾某开始开发用于盗取网络游戏账号、密码的木马程序，到 2008 年初该程序开发成功，并由曾某出面寻找合作伙伴帮助销售。2008 年 2 月起，被告人严某接受曾某的委托，将该系列木马程序命名为“温柔”木马并总代理销售，同时按照游戏种类分包给不同的一级代理商张某、张某某等人，按照包用时间收费，谋取非法利益。2008 年 6 月，被告人陈某参与经营，与严某共同代理销售“温柔”系列木马。吕某等人开发并销售的“温柔”系列木马种类达 30 余款，盗窃游戏账号、密码数百万组。被告人丁某、许某、林某在明知严某、陈某从事木马程序销售的情况下，仍受雇担任客户服务人员。被告人吕某、曾某二人因此各获利 32 万余元，严某、陈某共获利 31 万余元。

另指控，2008 年 3 月至 8 月底，被告人严某、张某、张某某分别垄断代理了“QQ 自由幻想”“QQ 华夏”“天龙八部”游戏的“温柔”木马程序，并通过姜某、汤某（均另案处理）等流量商将木马程序上传到网站，随玩家点击而植入玩家计算机系统，分别后台盗取“QQ 自由幻想”“QQ 华夏”“天龙八部”游戏账号、密码 82 780 组、427 717组，后被告人严某将盗取账号、密码转卖给郑承勇、严盛伟（均另案处理）等人。

2008 年 3 月至 8 月间，被告人张某通过互联网从严某、陈某处垄断代理了“QQ 华夏”游戏的“温柔”木马程序。之后通过流量商任某、王某、林某、杨某、谢某（均另案处理）等人将木马程序插入到各网站，随玩家点击而植入玩家计算机系统，后台盗取“QQ华夏”游戏账号、密码427 717组、2 449 591组。其中，被告人张某将所盗账号、密码转卖给他人，非法获利3万余元；被告人张某某采取同样手段非法获利23万余元。在被告人张某某传播木马程序过程中，被告人龚某为张某某联系租用了服务器，并在计算机系统内设置了能够存放窃取账号、密码的箱子，被告人陈建斌受雇于张某某，并按照张某某联系的买主将所盗账号、密码转卖他人，龚某非法获利2万元，陈建斌非法获利1万余元。

公诉机关认为被告人吕某、曾某、严某、陈某、丁某、许某、林某、张帆、张某某、龚某、陈建斌的行为已触犯了《中华人民共和国刑法》第二百八十六条第三款之规定，应当以破坏计算机信息系统罪追究其刑事责任，同时认为被告人吕某、曾某、严某、陈某造成的危害后果特别严重，其他被告人所造成的危害后果严重。

被告人吕某、曾某、严某、陈某、丁某、许某、林某、张某、张某某、龚某、陈建斌对公诉机关指控的犯罪事实均不持异议。

徐州市鼓楼区人民法院经审理查明：

1. 提供侵入计算机信息系统程序部分

2007年6月，被告人吕某、曾某开始开发用于盗取网络游戏账号、密码的木马程序，到2008年初该程序开发成功，并由曾某出面寻找合作伙伴帮助销售。2008年2月起，被告人严某接受曾某的委托，将该系列木马程序命名为“温柔”木马并总代理销售，同时按照不同网络游戏类型由吕某将该木马程序修改后分包给不同的一级代理商张某、张某某等人，并按照包用时间向后者收费，谋取非法利益。2008年6月，被告人陈某参与经营，与严某共同代理销售“温柔”系列木马程序。至案发前，吕某等人针对不同网络游戏类型开发并销售的“温柔”系列木马程序达28款，盗窃游戏账号、密码超过5 300 000组。被告人吕某、曾某二人共同获利645 780元，严某、陈某共获利31万元。

另查明，2008年6月中旬至7月底，被告人严某利用垄断“温柔”系列木马程序代理权之便，取得“QQ自由幻想”游戏的“温柔”木马程序使用权，然后通过姜某、汤某等人将该木马程序插入到正常网页，随游戏玩家点击网页而将木马程序植入玩家计算机系统，在玩家登录“QQ自由幻想”网络游戏时，木马程序自动运行并后台盗取游戏账号、密码合计82 780组，被告人严某将所盗取账号、密码转卖给郑承勇、严盛伟等人获取非法利益。

2008年4月至8月底，被告人丁某明知严某、陈某从事木马程序销售，仍在网络上受雇参与并担任售前客户服务，负责售前咨询和销售“温柔”系列木马程序，非法获利4 600元。

2008年7月初至7月底，被告人许某明知严某、陈某从事木马程序销售，仍参与并担任售后客户服务，负责售后技术问题咨询，非法获利2 000元。

2008年8月初至8月底，被告人林某明知严某、陈某从事木马程序销售，仍参与并担任售后客户服务，负责售后技术问题咨询。

上述事实有被告人吕某、曾某、严某、丁某、许某、林某、陈某、张某、张某某的供述，证人陈某、李某、黄某某、姜某、汤某、杨某、林某的证言，公安机关提供的相关网络银行账目、相关银行卡账目等书证，公安机关提供的电子证据检查笔录、远程勘验工作记录、电子数据检验鉴定书等证据予以证实。

2. 非法获取计算机信息系统数据部分

(1)2008年3月至8月间，被告人张某通过互联网从严某、陈某处获取了针对“QQ华夏”

网络游戏的盗号木马程序使用权。为了使该木马程序发挥盗号功能，通过流量商谢某、任某、汤某、杨某、林某、姜某等人将该木马程序插入到网络上各正常网页，随玩家点击而将木马程序植入玩家计算机系统，在上述玩家登录网络游戏时，木马程序自动运行并后台盗取"QQ 华夏"游戏账号、密码合计 427 717 组，被告人张某再将所盗账号、密码转卖给怀某等人，非法获利 3 万元。

上述事实有被告人张某供述，同案参与人严某、陈某的供述，证人谢某、任某、汤某、杨某、林某、姜某、陈某、唐某、怀某的证言，公安机关提供的电子证据检查笔录、远程勘验工作记录、电子数据检验鉴定书、相关银行卡账目等证据予以证明。

(2)2008 年 4 月至 8 月间，被告人张某某通过互联网从严某、陈某处获取了针对"天龙八部"网络游戏的盗号木马程序使用权。为了使该程序发挥作用，张某某以支付报酬的方式雇用被告人龚某为其租用了网络服务器，在计算机系统内设置了存放所窃取网络游戏账号、密码的箱子，以及提供其他技术支持。之后，被告人张某某通过流量商王某、杨某、谢某、任某、姜某等人将该木马程序插入到网络上各网页，随玩家点击相应网页而将该木马程序植入玩家计算机系统，在玩家登录"天龙八部"网络游戏后，木马程序自动运行并后台盗取"天龙八部"游戏账号、密码合计 2 449 591 组。在此期间，被告人陈建斌受雇于张某某，并按照张某某联系的买主将所盗账号、密码转卖他人。被告人张某某因此非法获利 23 万元，被告人龚某获利 2 万元，被告人陈建斌获利 1 万元。

上述事实有被告人张某某、龚某、陈建斌的供述，同案参与人严某的供述，证人王某、杨某、谢某、任某、姜某、叶某、何某、尤某某、林某、何某某的证言，公安机关提供的电子证据检查笔录、远程勘验工作记录、电子数据检验鉴定书、银行账目等证据证明。

另查明，2008 年 7 月 29 日，江苏省公安厅接到网民举报称徐州购物网(物理地址位于徐州市)病毒很严重。经过江苏省公安厅网警总队和徐州市公安局网警支队初查发现，徐州购物网网站上有 15 款可执行程序确定为网上流行的"温柔"系列木马程序，遂展开立案侦查。被告人严某、陈某、林某、丁某、许某于 2008 年 8 月 27 日晚被抓获归案；在严某、陈某、林某的协助下，公安机关于 2008 年 8 月 28 日将被告人曾某抓获归案；被告人张某、张某某、龚某某、陈某某也分别于 2008 年 8 月 28 日被抓获归案；被告人吕某于 2008 年 9 月 11 日被抓获归案，至此本案告破。

本案的争议焦点是：本案应定性为破坏计算机信息系统罪还是应认定为提供侵入计算机信息系统程序罪、非法获取计算机信息系统数据罪。

江苏省徐州市鼓楼区人民法院认为：

被告人吕某、曾某为了谋取非法利益，开发制作和提供用于窃取网络游戏账号、密码的系列木马程序达 28 款，被告人严某、陈某明知是盗号木马程序而予以代理销售，被告人丁某、许某、林某在代理销售过程中提供技术服务和帮助，上述被告人的行为情节严重，均已构成提供侵入计算机信息系统程序罪，且系共同犯罪。在共同犯罪中，作为木马程序制作者的吕某、曾某和负责代理销售系列木马程序的严某、陈某起主要作用，为主犯；丁某、许某、林某在代理销售系列木马程序犯罪中起次要、辅助作用，为从犯。

被告人张某、张某某明知是盗号木马程序而通过购买取得使用权后，借助他人技术手段加以传播，窃取网络游戏账号、密码数量巨大，情节严重；被告人龚某、陈建斌明知张某某通过非法手段获取游戏账号、密码而提供技术服务，情节严重，上述被告人的行为均已构成非法获取计算机信息系统数据罪。在共同犯罪中，张某某起主要作用，系主犯；龚某、陈建斌受雇提供帮助，起次要、辅助作用，系从犯。

公诉机关指控本案11名被告人构成破坏计算机信息系统罪的公诉意见。经查，在刑法修正案(七)公布实施前对于故意制作、传播计算机病毒、木马等破坏性程序，影响计算机信息系统正常运行，后果严重的行为认定为破坏计算机信息系统罪。修正后增加的刑法第二百八十五条第二、三款对于制作、提供用于侵入计算机信息系统的木马程序以及利用传播木马程序获取他人存储、处理或者传输的数据，情节严重的行为，分别以提供侵入计算机信息系统程序罪和非法获取计算机信息系统数据罪论处，从而对于制作、传播木马程序以及利用木马程序非法获取他人数据的行为产生不同的法律界定。从本案被告人的主观方面看，无论是作为木马程序制作者的吕某、曾某，还是代理销售系列木马程序的严某、陈某(丁某、许某、林某系受雇服务于上述二人)，亦或通过传播木马程序获取他人账号、密码的张某、张某某(龚某、陈建斌受雇于张某某，为其提供技术或买卖服务)，其提供或传播木马程序的目的在于获取非法利益。从客观要件看，吕某、曾某制作、开发木马程序的行为和严某、陈某、丁某、许某、林某等人代理销售木马程序的行为符合修正后刑法第二百八十五条第三款规定的构成要件，表现为提供专门用于侵入计算机信息系统的程序；而张某、张某某等一级代理商及为之服务人员则符合该条第二款实行犯构成要件，属于违反国家规定利用技术手段获取计算机信息系统存储、处理、传输的数据，而数据则体现为上述所窃取的游戏账号、密码。另外，从制作、传播木马程序的客观危害看，主要体现在大量网络用户数据被非法获取，而无证据显示对计算机信息系统的正常运行造成其他直接危害结果。从刑法溯及力看，由于该案在刑法修正案(七)公布实施后进行审理，提供侵入计算机信息系统程序罪、非法获取计算机信息系统数据罪的基本法定刑轻于破坏计算机信息系统罪，适用修正后刑法第二百八十五条第二、三款的规定符合从旧兼从轻的原则。

综上，被告人吕某、曾某、严某、陈某、林某、陈某、丁某、许某以非法获利为目的，提供专门用于侵入、非法控制计算机信息系统的程序，造成严重后果，其行为已构成提供侵入计算机信息系统程序罪。被告人张某、张某某、龚某、陈建斌采用技术手段非法获取计算机信息系统中的数据，情节严重，已构成非法获取计算机信息系统数据罪。故公诉机关指控的犯罪事实清楚，但适用法律不当，予以纠正。

被告人曾某自愿认罪、主动退赃，被告人严仁海、陈某、林某协助公安机关抓获其他犯罪嫌疑人，具有一般立功情节，依法予以从轻处罚。被告人严某具有利用提供"温柔"系列木马程序之便，将其中一款木马程序通过他人传播到网页上进而非法获取他人数据的犯罪情节，故结合该情节对其所犯之罪酌情予以从重处罚。被告人丁某、许某、林某、龚某、陈建斌在提供侵入计算机信息系统程序或非法获取计算机信息系统数据共同犯罪中处于从犯地位，依法予以从轻处罚；被告人曾某案发后主动退出全部违法所得，酌情从轻处罚；被告人丁某、许某、林某归案后自愿认罪，确有悔罪表现，适用缓刑不致再危害社会，可以适用缓刑。

据此，徐州市鼓楼区人民法院依据《中华人民共和国刑法》第二百八十五条第二、三款、第十二条第一款、第二十五条第一款、第二十六条第一款、第二十七条、第六十八条第一款、第六十四条、第七十二条、第七十三条第二、三款之规定，于2009年12月15日作出(2009)鼓刑初字第150号刑事判决：

(1)被告人吕某犯提供侵入计算机信息系统程序罪，判处有期徒刑3年，并处罚金人民币

200 000 元；被告人曾某犯提供侵入计算机信息系统程序罪，判处有期徒刑 2 年 6 个月，并处罚金人民币 150 000 元；被告人严某犯提供侵入计算机信息系统程序罪，判处有期徒刑 2 年 8 个月，并处罚金人民币 160 000 元；被告人陈某犯提供侵入计算机信息系统程序罪，判处有期徒刑 2 年，并处罚金人民币 100 000 元；被告人丁某犯提供侵入计算机信息系统程序罪，判处有期徒刑 1 年，缓刑 1 年，并处罚金人民币 10 000 元；被告人许某犯提供侵入计算机信息系统程序罪，判处有期徒刑 6 个月，缓刑 1 年，并处罚金人民币 8 000 元；被告人林某犯提供侵入计算机信息系统程序罪，判处拘役 6 个月，缓刑 1 年，并处罚金人民币 5 000 元；被告人张某犯非法获取计算机信息系统数据罪，判处有期徒刑 2 年，并处罚金人民币 50 000 元；被告人张某某犯非法获取计算机信息系统数据罪，判处有期徒刑 2 年 6 个月，并处罚金人民币 100 000 元；被告人龚某犯非法获取计算机信息系统数据罪，判处有期徒刑 1 年 6 个月，并处罚金人民币 30 000元；被告人陈某某犯非法获取计算机信息系统数据罪，判处有期徒刑 1 年 5 个月，并处罚金人民币 20 000 元。

(2)对上列被告人的违法所得予以追缴，供犯罪使用的本人财物予以没收，上缴国库。

案例 6：上海乐购超市“无间道”卧底收银员套走 397 万元

超市盘点发现，货场里短缺的东西五花八门，可监控录像里又看不到任何蛛丝马迹。这是发生在上海乐购超市里的怪事。这些货物之所以神秘“蒸发”，竟源自收银台电脑中的一个非法程序软件，设计软件的是一名超市员工。这个程序“套”走超市营业款 397 万元，涉案员工多达 43 人。

2006 年 5 月，上海市金山法院对本案进行了判决，以职务侵占罪判处被告人方元有期徒刑 14 年，于琪有期徒刑 10 年，陈某某有期徒刑 12 年，其他 40 名被告人分别被判处有期徒刑 10 年至 6 个月不等。

2.2　我国网络安全立法体系框架

我国网络安全立法体系框架分为四个层面：法律，行政法规，地方性法规、规章，规范性文件。

2.2.1　法律

我国与网络安全相关的法律主要有《宪法》《人民警察法》《刑法》《治安管理处罚条例》《刑事诉讼法》《国家安全法》《保守国家秘密法》《行政处罚法》《行政诉讼法》《行政复议法》《国家赔偿法》《立法法》《中华人民共和国电子签名法》《全国人大常委会关于维护互联网安全的决定》等。

1.《人民警察法》

第六条第十二款明确规定，公安机关的人民警察依法“履行监督管理计算机信息系统的安全保护工作”职责。

2.《全国人大常委会关于维护互联网安全的决定》(2000 年 12 月 28 日)

这是我国第一部关于互联网安全的法律。该法分别从保障互联网的运行安全，维护国家安全和社会稳定，维护社会主义市场经济秩序和社会管理秩序，保护个人、法人和其他组织的人身、财产等合法权利等四个方面，共 15 款，明确规定了对构成犯罪的行为，依照刑法有关规定追究刑事责任。

3.《刑法》(1997 年 3 月 14 日修订)

1997 年《刑法》修改后，除了分则规定的大多数犯罪罪种(包括危害国家安全罪，危害公共安全罪，破坏社会主义市场经济秩序罪，侵犯公民人身权利、民主权利罪，侵犯财产罪，妨害社会管理秩序罪)都适用于利用计算机网络实施的犯罪以外，还专门在第 285 条和第 286 条分别规定了非法入侵计算机信息系统罪和破坏计算机信息系统罪，共两条四款。

2.2.2 行政法规

行政法规是指国务院为执行宪法和法律而制定的法律规范。

与网络安全有关的行政法规主要有：

国务院令 147 号：《中华人民共和国计算机信息系统安全保护条例》。

国务院令 195 号：《中华人民共和国计算机信息网络国际联网管理暂行规定》。

公安部令 33 号：《计算机信息网络国际联网安全保护管理办法》(公安部令 33 号)。

国务院令 273 号：《商用密码管理条例》。

国务院令 291 号：《中华人民共和国电信条例》。

国务院令 292 号：《互联网信息服务管理办法》。

国务院令 339 号：《计算机软件保护条例》等。

1.《中华人民共和国计算机信息系统安全保护条例》(1994 年 2 月 18 日)

这是我国第一部涉及计算机信息系统安全的行政法规。该条例赋予"公安部主管全国计算机信息系统安全保护工作"的职能。主管权体现在：

(1)监督、检查、指导权。

(2)计算机违法犯罪案件查处权。

(3)其他监督职权。

2.《中华人民共和国计算机信息网络国际联网管理暂行规定》

计算机信息网络进行国际联网的原则：

(1)必须使用邮电部国家公用电信网提供的国际出入口信道。

(2)接入网络必须通过互联网络进行国际联网。

(3)用户的计算机或计算机信息网络必须通过接入网络进行国际联网。

3.《中华人民共和国计算机信息网络国际联网管理暂行规定》

该规定对互联网接入单位实行国际联网经营许可证制度(经营性)和审批制度(非经营性)，限定了接入单位的资质条件、服务能力及其法律责任。

对违反该规定第六条、第八条和第十条的行为，即：

(1)自行建立或者使用其他信道进行国际联网的。

(2)未按规定通过互联网络进行国际联网的。

(3)未按规定通过接入网络进行国际联网的。

(4)未经许可和审批从事国际联网经营业务的。

由公安机关责令停止联网，给予警告，可以并处 15 000 元以下的罚款；有违法所得的，没收违法所得。

4.《计算机信息网络国际联网安全保护管理办法》(公安部令 33 号)

该办法 1997 年 12 月 11 日由国务院批准、1997 年 12 月 30 日由公安部第 33 号令发布，是我国第一部全面调整互联网络安全的行政法规，不仅对我国互联网的初期发展起到了重要的保障作用，而且对后续有关网络安全的法规、规章的出台起到了重要的指导作用。

四条禁则：

(1)任何单位和个人不得利用国际联网危害国家安全、泄露国家秘密，不得侵犯国家的、社会的、集体的利益和公民的合法权益，不得从事违法犯罪活动。

(2)任何单位和个人不得利用国际联网制作、复制、查阅和传播有害信息。

(3)任何单位和个人不得从事危害计算机信息网络安全的活动。

(4)任何单位和个人不得违反法律规定，利用国际联网侵犯用户的通信自由和通信秘密。

该办法规定了六项安全保护责任：

(1)国际联网单位和个人应当接受公安机关的安全监督、检查和指导，提供有关安全保护的资料并协助公安机关查处违法犯罪的责任。

(2)国际出入口信道提供单位、互联单位的主管部门或者主管单位的安全保护管理责任。

(3)互联单位、接入单位及联网单位的安全保护责任。

(4)备案责任。

(5)使用公用账号的注册者的责任。

(6)重要领域采取安全保护措施的责任。

2.2.3　规章及规范性文件

规章：是指国务院各部、委根据法律和国务院行政法规，在本部门的权限范围内制定的法律规范，以及省、自治区、直辖市和较大的市的人民政府根据法律、行政法规和本省、自治区、直辖市的地方性法规制定的法律规范。

规范性文件：俗称“红头文件”。

1. 与网络安全相关的部门规章和规范性文件

公安部：

《计算机信息系统安全专用产品检测和销售许可证管理办法》；

《计算机病毒防治管理办法》；

《金融机构计算机信息系统安全保护工作暂行规定》；

《关于开展计算机安全员培训工作的通知》等。

信息产业部：

《互联网电子公告服务管理规定》；

《软件产品管理办法》；

《计算机信息系统集成资质管理办法》；

《国际通信出入口局管理办法》；

《国际通信设施建设管理规定》；

《中国互联网络域名管理办法》；

《电信网间互联管理暂行规定》。

国务院新闻办：

《互联网站从事登载新闻业务管理暂行规定》。

教育部：

《中国教育和科研计算机网暂行管理办法》；

《教育网站和网校暂行管理办法》。

新闻出版署：

《电子出版物管理规定》。

国家保密局：

《计算机信息系统保密管理暂行规定》；

《计算机信息系统国际联网保密管理规定》；

《涉及国家秘密的通信、办公自动化和计算机信息系统审批暂行办法》；

《涉密计算机信息系统建设资质审查和管理暂行办法》；

《关于加强政府上网信息保密管理的通知》。

中国证监会：

《网上证券委托暂行管理办法》。

国家广播电影电视总局：

《关于加强通过信息网络向公众传播广播电影电视类节目管理的通告》。

国家药品监督管理局：

《互联网药品信息服务管理暂行规定》。

原电子部、邮电部：

《中国金桥信息网公众多媒体信息服务管理办法》；

《计算机信息网络国际联网出入口信道管理办法》；

《中国公用计算机互联网络国际联网管理办法》；

《中国公众多媒体通信管理办法》；

《专用网与公用网联通的暂行规定》。

2. 地方规章和规范性文件

《广东省计算机信息系统安全保护管理规定》，2003 年 3 月 31 日广东省人民政府第十届四次常务会议通过，自 2003 年 6 月 1 日起实施。

《广东省计算机信息系统安全保护管理规定实施细则》，2003 年 7 月 1 日起实施。

《四川省计算机信息系统安全保护管理办法》，1996 年 3 月 28 日四川省人民政府令第 79 号发布，自 1996 年 5 月 1 日起施行。

《广东省计算机信息系统安全保护管理规定》，要求：

县以上公安机关主管本行政区域内的计算机信息系统安全保护工作；

公安机关、国家安全机关，在紧急情况下，可采取 24 小时内暂时停机、暂停联网、备份数据等措施；

地级以上市公安机关应有专门机构负责计算机信息系统发生的案件和重大安全事故报警的接受和处理；

地级以上公安机关应为计算机信息系统使用单位和个人提供安全指导，并向社会公布举报电话和电子邮箱。

2.3　计算机犯罪的防范和打击

2.3.1　计算机犯罪的种类及特征

《中华人民共和国刑法》中关于惩治计算机犯罪的条例如下：

第二百八十五条　违反国家规定，侵入国家事务、国防建设、尖端科学技术领域的计算机信息系统的，处三年以下有期徒刑或者拘役。

第二百八十六条　违反国家规定，对计算机信息系统功能进行删除、修改、增加、干扰，造成计算机信息系统不能正常运行，后果严重的，处五年以下有期徒刑。

违反国家规定，对计算机信息系统中存储、处理或者传播的数据和应用程序进行删除、修改、增加的操作，后果严重的，依照前款处罚。

故意制作、传播计算机病毒等破坏性程序，影响计算机系统正常运行，后果严重的，依照第一款处罚。

《四川省计算机信息系统安全保护管理办法》中关于惩治计算机犯罪的条例如下：

第三十二条　有下列行为之一的，由公安机关给予警告或者处以1 000元以上5 000元以下罚款；构成犯罪，依法追究刑事责任：

（一）未经批准，研究、收集或者保存计算机病毒的；

（二）未经批准，公开发布计算机病毒疫情的；

（三）未经批准，开展涉及计算机病毒机理的活动的；

（四）制造、销售、出租、维修的计算机软件、硬件产品中含有计算机病毒和其他有害数据的。

第三十三条　有下列行为之一的，由公安机关给予警告或者对个人处以2 000元以上5 000元以下罚款，对单位处以5 000元以上15 000元以下罚款；有违法所得的，除予以没收外，可处违法所得至3倍的罚款：

（一）制造或者故意输入、传播计算机病毒以及其他有害数据的；

（二）非法复制、截收、窜改计算机信息系统中的数据危害计算机信息系统安全的；

（三）未经许可销售计算机信息系统安全专用产品的。

2.3.2　计算机犯罪现场证据保全

计算机犯罪现场：发生计算机犯罪的计算机应用环境及系统。

保护现场：关键是保持发生犯罪后的第一状态。最好有备份系统支持运行，将关键数据备份下来。

教训：深圳某银行发生案件后，怀疑是内外勾结，但没有采取必要的人员隔离措施和计算机备份，谈话后第二天，所有操作记录全部删除，无从查起。

案件报告

一、报告

《中华人民共和国计算机信息系统安全保护条例》规定了案件强制报告制度。

二、发生计算机犯罪案件后如何报案

向谁报案：发生计算机犯罪案件后，立即向当地公安机关、派出所或公共网络安全监察部门报案。

报案材料：

（一）基本事实——何时、何事、后果、现状、可能原因等；

（二）提取的初步证据——破坏的结果、破坏行为的计算机记录、日志审计记录等；

（三）以上材料及打印的文字材料必须加盖公章及骑缝章。

2.4 网络安全管理要求

网络安全管理要求有：

《中华人民共和国计算机信息系统安全保护条例》；

《计算机信息网络国际联网安全保护管理办法》；

各个地方性的计算机信息系统安全保护管理规定。

《计算机信息网络国际联网安全保护管理办法》中的相关规定如下：

第五条　任何单位和个人不得利用国际联网制作、复制、查阅和传播下列信息：

（一）煽动抗拒、破坏宪法和法律、行政法规实施的；

（二）煽动颠覆国家政权，推翻社会主义制度的；

（三）煽动分裂国家、破坏国家统一的；

（四）煽动民族仇恨、民族歧视，破坏民族团结的；

（五）捏造或者歪曲事实，散布谣言，扰乱社会秩序的；

（六）宣扬封建迷信、淫秽、色情、赌博、暴力、凶杀、恐怖，教唆犯罪的；

（七）公然侮辱他人或者捏造事实诽谤他人的；

（八）损害国家机关信誉的；

（九）其他违反宪法和法律、行政法规的。

第六条　任何单位和个人不得从事下列危害计算机网络安全的活动：

（一）未经允许，进入计算机信息网络或者使用计算机信息网络资源的；

（二）未经允许，对计算机信息网络功能进行删除、修改或者增加的；

（三）未经允许，对计算机信息网络中存储、处理或者传输的数据和应用程序进行删除、修改或增加的；

（四）故意制作、传播计算机病毒等破坏性程序的；

（五）其他危害计算机网络安全的。

第十条　互联单位、接入单位及使用计算机信息网络国际联网的法人和其他组织应当履行下列安全保护职责：

（一）负责本网络的安全保护管理工作，建立健全安全保护管理制度；

（二）落实安全保护技术措施，保障本网络的运行安全和信息安全；

（三）负责对本网络用户的安全教育和培训；

（四）对委托发布信息的单位和个人进行登记，并对所提供的信息内容按照本办法第五条进行审核；

（五）建立计算机信息网络电子公告系统的用户登记和信息管理制度；

(六)发现有本办法第四条、第五条、第六条、第七条所列情形之一的,应当保留有关原始记录,并在二十四小时内向当地公安机关报告;

(七)按照国家有关规定,删除本网络中含有本办法第五条内容的地址、目录或者关闭服务器。

《四川省计算机信息系统安全保护管理办法》中的相关规定如下:

第四条　计算机信息系统的安全保护,应当保障计算机及其配套的和相关的设备、设施(含网络)和运行环境的安全,以及计算机信息的安全,确保计算机功能的正常发挥,维护计算机信息系统的安全运行。

计算机信息系统安全保护工作,重点维护国家事务、经济建设、国防建设、尖端科学技术等重要领域的计算机信息系统的安全。

《广东省计算机信息系统安全保护管理规定》中的相关规定如下:

第八条　计算机信息系统使用单位应当建立并执行以下安全保护制度:

(一)计算机机房安全管理制度;

(二)安全管理责任人、信息审查员的任免和安全责任制度;

(三)网络安全漏洞检测和系统升级管理制度;

(四)操作权限管理制度;

(五)用户登记制度;

(六)信息发布审查、登记、保存、清除和备份制度,信息群发服务管理制度。

第九条　计算机信息系统使用单位应当落实以下安全保护技术措施:

(一)系统重要部分的冗余或备份措施;

(二)计算机病毒防治措施;

(三)网络攻击防范、追踪措施;

(四)安全审计和预警措施;

(五)系统运行和用户使用日志记录保存 60 日以上措施;

(六)记录用户主叫电话号码和网络地址的措施;

(七)身份登记和识别确认措施;

(八)信息群发限制和有害数据防治措施。

向公众提供上网服务的场所以及其他从事国际联网业务的单位应当安装符合国家规定的安全管理软件。

2.5　安全服务及产品的管理要求

网络安全检测产品:是指扫描、探测计算机信息系统漏洞的安全专用产品。

计算机信息系统安全服务:是指从事计算机信息系统(包括计算机机房)安全设计、建设、检测、维护、监理等业务。

1. 安全服务资质申请

例如,《广东省计算机信息系统安全保护管理规定》规定:申请安全服务资质的机构或单位,应具备相应的条件,持相关资料向地级以上的市公安机关申请。

2. 对重点安全保护单位的要求

(1)安全管理责任人必须经培训持证上岗。

(2)计算机机房安全保障体系的设计、建设和检测应由有安全服务资质的机构承担。

(3)计算机信息系统及计算机机房须经具有安全服务资质的机构检测合格后，方可投入使用。

3. 对安全专用产品的管理要求

公安部《计算机信息系统安全专用产品检测和销售许可证管理办法》中的相关规定：

第三条　中华人民共和国境内的安全专用产品进入市场销售，实行销售许可证制度。

安全专用产品的生产者在其产品进入市场销售之前，必须申领《计算机信息系统安全专用产品销售许可证》(以下简称销售许可证)。

第四条　安全专用产品的生产者申领销售许可证，必须对其产品进行安全功能检测和认定。

第五条　公安部计算机管理监察部门负责销售许可证的审批颁发工作和安全专用产品安全功能检测机构(以下简称检测机构)的审批工作。

4. 对安全服务机构的管理

例如，《广东省计算机信息系统安全保护管理规定实施细则》规定：

安全服务机构的安全服务资质实行：

(1)服务资质的申请制。

(2)分级管理制(分四级，不同等级对应承担不同工程量资格)。

(3)服务资质等级的条件划分。

(4)服务资质的年审制。

(5)安全审验。

2.6　信息系统安全等级保护的基本技术要求

信息系统安全等级保护的基本技术要求共分三部分内容：

1. 安全保护技术要求及标准

GB 17859－1999　《计算机信息系统安全保护等级划分准则》；

GB/T 387－2002　《计算机信息系统安全等级保护网络技术要求》；

GB/T 388－2002　《计算机信息系统安全等级保护操作系统技术要求》；

GB/T 389－2002　《计算机信息系统安全等级保护数据库管理技术要求》；

GB/T 390－2002　《计算机信息系统安全等级保护通用技术要求》；

GB/T 391－2002　《计算机信息系统安全等级保护管理要求》；

GA 371－2001　《计算机信息系统实体安全技术要求》。

2. 需要实施安全等级保护的信息系统

(1)党政系统(党委、政府)；

(2)金融系统(银行、保险、证券)及财税系统(财政、税务、工商)；

(3)经贸系统(商业贸易、海关)；

(4)电信系统(邮电、电信、广播、电视)；

(5)能源系统(电力、热力、燃气、煤炭、油料);

(6)交通运输系统(航空、航天、铁路、公路、水运、海运);

(7)供水系统(水利及水源供给);

(8)社会应急服务系统(医疗、消防、紧急救援);

(9)教育科研系统(教育、科研、尖端科技);

(10)国防建设系统;

(11)国有大中型企业系统;

(12)互联单位、接入单位、重点网站及向公众提供上网服务场所的计算机信息系统。

3. 计算机安全保护等级划分

第一级为用户自主保护级。它的安全保护机制使用户具备自主安全保护的能力,保护用户的信息免受非法的读/写破坏。

第二级为系统审计保护级。除具备第一级所有的安全保护功能外,要求创建和维护访问的审计跟踪记录,使所有的用户对自己的行为的合法性负责。

第三级为安全标记保护级。除继承前一个级别的安全功能外,还要求以访问对象标记的安全级别限制访问者的访问权限,实现对访问对象的强制保护。

第四级为结构化保护级。在继承前面安全级别安全功能的基础上,将安全保护机制划分为关键部分和非关键部分,对关键部分直接控制访问者对访问对象的存取,从而加强系统的抗渗透能力。

第五级为访问验证保护级。这一个级别特别增设了访问认证功能,负责仲裁访问者对访问对象的所有访问活动。

2.7　中华人民共和国电子签名法

《中华人民共和国电子签名法》已由中华人民共和国第十届全国人民代表大会常务委员会第十一次会议于 2004 年 8 月 28 日通过,自 2005 年 4 月 1 日起施行。其部分条例如下:

第二条　本法所称电子签名,是指数据电文中以电子形式所含、所附用于识别签名人身份并表明签名人认可其中内容的数据。

本法所称数据电文,是指以电子、光学、磁或者类似手段生成、发送、接收或者储存的信息。

第三条　民事活动中的合同或者其他文件、单证等文书,当事人可以约定使用或者不使用电子签名、数据电文。

当事人约定使用电子签名、数据电文的文书,不得仅因为其采用电子签名、数据电文的形式而否定其法律效力。

前款规定不适用下列文书:

(一)涉及婚姻、收养、继承等人身关系的;

(二)涉及土地、房屋等不动产权益转让的;

(三)涉及停止供水、供热、供气、供电等公用事业服务的;

(四)法律、行政法规规定的不适用电子文书的其他情形。

第四条　能够有形地表现所载内容,并可以随时调取查用的数据电文,视为符合法律、法规要求的书面形式。

第八条　审查数据电文作为证据的真实性，应当考虑以下因素：

（一）生成、储存或者传递数据电文方法的可靠性；

（二）保持内容完整性方法的可靠性；

（三）用以鉴别发件人方法的可靠性；

（四）其他相关因素。

第十三条　电子签名同时符合下列条件的，视为可靠的电子签名：

（一）电子签名制作数据用于电子签名时，属于电子签名人专有；

（二）签署时电子签名制作数据仅由电子签名人控制；

（三）签署后对电子签名的任何改动能够被发现；

（四）签署后对数据电文内容和形式的任何改动能够被发现。

当事人也可以选择使用符合其约定的可靠条件的电子签名。

第十四条　可靠的电子签名与手写签名或者盖章具有同等的法律效力。

第二十一条　电子认证服务提供者签发的电子签名认证证书应当准确无误，并应当载明下列内容：

（一）电子认证服务提供者名称；

（二）证书持有人名称；

（三）证书序列号；

（四）证书有效期；

（五）证书持有人的电子签名验证数据；

（六）电子认证服务提供者的电子签名；

（七）国务院信息产业主管部门规定的其他内容。

第3章　黑客和病毒

3.1　黑　　客

3.1.1　黑客的定义

黑客，源于英语动词 hack，意思为“劈”“砍”，引申为“干了一件非常漂亮的工作”。对黑客的定义是“喜欢探索软件程序奥秘，并从中增长了个人才干的人”。他们不像绝大多数电脑使用者那样，只规矩地了解别人指定了解的狭小部分知识。他们通常具有硬件和软件的高级知识，并有能力通过创新的方法了解系统。黑客能使更多的网络完善和安全化，他们以保护网络为目的，以不正当侵入手段找出网络漏洞，并且做出修复。

另一种入侵者是那些利用网络漏洞破坏网络的人，他们往往做一些重复的工作（如暴力法破解口令等），他们也具备广泛的电脑知识，但与黑客不同的是他们以破坏为目的，这些人称为骇客，当然也有一些人介于黑客和骇客之间。

从以上的定义可以看出来，黑客并不是国内媒体所广泛认为的那些所谓偷 QQ 号、偷电子邮件、偷游戏账号，或者恶意入侵并破坏网站甚至是个人电脑系统的入侵者，他们应该叫小偷。

3.1.2　黑客案例

1. 台湾最小黑客 11 岁

台湾地区日前出现迄今最年轻的电脑黑客。该黑客是一名才刚上初一的 11 岁男童。他帮一家公司架设网站，事后因酬劳少，不满对方答应配发股利却食言，在网络中植入木马程序。

据台湾 TVBS 报道，这名少年去年 6 月在念小学六年级时，花了 9 个月的时间帮一家公司架设一整套的论坛网页。他的同学表示，他“在上计算机课的时候，就帮公司接案子、打资料或打字，很厉害。”

黑客少年说，当时公司答应要配发股利给他，事后却只汇给他新台币 1 500 元；他一再要求合理报酬没有获得理会。

由于之前在网络上学得黑客技巧，他一气之下便在自己亲手架设的网站上植入木马程序，让网站不是找不到影像，就是出现色情网页。结果 11 岁的男童被以妨害计算机使用罪移送法办。

2. 印度 12 岁最小“道德黑客”4 岁会写程序，5 岁会做 flash

据印度孟买《正午报》3 月 10 日报道，在印度众多神秘的专业“道德黑客”中，有一个年仅 12 岁的小黑客正在印度反黑客领域发挥着举足轻重的作用。已经拥有计算机专业硕士学历的他，如今正配合着印度一家知名 IT 企业，维护印度互联网的安全。

12 岁的桑杰夫（化名）简直就是现实版的《天才小医生》，每天，当和他年纪差不多的小朋友或者躺在家中沙发上懒洋洋地看电视，或者和一群朋友疯赶打闹时，他却像个小大人似的，在印度一家 IT 企业规规矩矩地“上班”。要问他是干什么工作的，说出来吓你一跳——道德黑客。

道德黑客是随着互联网技术迅速发展和黑客泛滥后，在全世界兴起的一个职业。道德黑客的主要内容就是掌握黑客攻击互联网的种种手段、技巧，找到应对的方法，维护互联网安全。别看桑杰夫年纪小，一脸稚气，但他已经是电脑技术领域的天才高手。

4 岁时，桑杰夫在短短 15 天时间里学完了常人需要 3 个月才能完成的电脑程序课程。5 岁时，桑杰夫学会了 CorelDraw 绘图软件，会做 Flash，并掌握了 HTML 编程语言、Photoshop，是 Paintshop 方面的专家。6 岁时，桑杰夫学会了 Java，Linux 和 SQL。7 岁时，桑杰夫轻轻松松地通过了微软认证系统工程师(MCSE)考试，并读完了计算机领域的一个研究生课程。10 岁时，桑杰夫获得了 ORACLE 工程师认证和 Java 程序员认证，成为一名专业程序员。

目前，桑杰夫已经成为印度最年轻的“道德黑客”和电脑技术顾问，他配合孟买一家大型的 IT 安全技术公司，监控黑客的举动，维护互联网的安全。

3. 史上最黑黑客

据海外媒体报道，日前“史上最黑黑客”英国人加里·麦金农的上诉已经被欧洲人权法院驳回，他将在一周内被引渡到美国受审，如果这次罪名成立，他将面临 70 年的监禁。

麦金农原本是英国伦敦一个计算机系统管理员，在 2001 年到 2002 年间，利用自家电脑入侵了美国海陆空三军、国防部和太空总署等 97 台计算机，造成经济损失约为 140 万美元，令五角大楼安防系统名声扫地。

麦金农表示，2000 年，他在一个论坛上看到许多关于外星人的帖子，其中的一些帖子来自美国军方。从此，他对外星人产生了浓厚兴趣。经过一段时间的研究，麦金农认为外星人确实存在，而且早已出现在地球上，很多信息被美国军方有意掩盖。于是，他开始潜入美国军方的机密数据库，希望找到外星人的信息。

然而在美国军方官员看来，麦金农的网络入侵事件是“迄今为止全球最严重的黑客入侵事件”，麦金农则是有史以来“最危险的黑客”。

2004 年，美国提出对加里·麦金农的引渡要求，此后，麦金农不断提出上诉，昨天，欧洲人权法院再次驳回了他的上诉，他将于一周内被引渡到美国受审，若罪名成立将面临最高 70 年监禁。

4. 首例黑客在互联网上发布恐怖地震信息案宣判

2008 年 8 月 29 日上午，陕西省西安市雁塔区法院公开审理了西安欧亚学院计算机专业大四学生贾志攀对陕西省地震局网站进行黑客攻击并故意传播虚假恐怖地震信息一案。贾志攀犯编造、故意传播虚假信息罪，一审被判处有期徒刑一年零六个月。

在庭审过程中，贾志攀对自己的犯罪行为供认不讳，并就自己的犯罪行为多次向公众道歉。据悉，这是我国首起利用互联网编造、发布恐怖地震信息，扰乱社会秩序的犯罪。

5 月 29 日 20 时许，贾志攀在西安欧亚学院学生宿舍内，通过个人电脑控制欧亚学院的电脑网络服务器攻击陕西省地震局网站，破解了陕西省地震局网站的用户名和密码，侵入陕西省地震局信息发布页面，进入网站汶川大地震应急栏目。20 时 53 分，贾志攀发布了自己编造的虚假信息“今晚 23 时 30 分陕西等地有强烈地震发生”，声称“根据陕西省和四川地质学家研究，四川汶川地震带板块频繁剧烈活动，并朝东北方向移动，地质学家告知 5 月 29 日晚 23 时

30 分左右，有 6～6.5 级强烈地震发生，甘肃天水、宝鸡、汉中、西安等地将具有强烈震感，请大家做好防范准备。”

该信息发布后，不断有群众向陕西省地震局打电话询问此事，严重扰乱了社会秩序，造成了社会恐慌。被告人贾志攀发现 700 余人点击该信息后，感到事态严重，遂立即删除了此信息。陕西省地震局发现网站被黑客攻击后，立即在网上发布了辟谣信息。6 月 4 日，被告人贾志攀再次登录陕西省地震局网站时被警方抓捕归案，西安市雁塔区检察院以编造、故意传播虚假恐怖信息罪提起公诉。法院认为，被告人贾志攀为满足好奇心，明知在强烈地震后余震不断的情况下，发布虚假破坏性地震信息会造成社会恐慌，仍利用掌握的计算机技术，非法侵入陕西省地震局官方网站，编造并发布了虚假的地震消息，依据《中华人民共和国刑法》有关规定，犯罪事实清楚，证据确实、充分，应当以编造、故意传播虚假恐怖信息罪追究其刑事责任。

鉴于贾志攀能如实交代自己的犯罪过程，对自己的犯罪行为有悔过表现，本人又是涉世未深的大学生，根据《中华人民共和国刑事诉讼法》第一百四十一条之规定，法庭依法从轻宣判：贾志攀犯编造、故意传播虚假信息罪，依法判处有期徒刑一年零六个月。

5. 19 岁初中学历黑客攻击联众，上门推销防火墙谋利

2007 年 6 月 11 日下午，完美时空公司官方声明，称“中国网络史上最大规模的黑客攻击在 6 月 11 日凌晨上演”。

2007 年 7 月 24 日下午，海淀警方召开新闻发布会，宣布破获了一起以 DDOS（通过阻塞服务器带宽进行攻击的方法）手段实施的黑客攻击案。这也是警方首次成功破获该类案例。

2007 年 4 月开始，一股黑客攻击狂潮席卷联众、完美时空等国内多家大型网络游戏公司。攻击造成经济损失上千万元。

黑客们采用 DDOS 攻击手段，在短时间内，发送大量数据造成网络拥堵。作案后，便消失于网络之中。

6 月 10 日晚，北京海淀区，完美时空公司总部遭遇黑客攻击。公司技术部工作人员最先发现异常，大量攻击数据突然从网上涌来，冲向公司网站域名服务器，随后网站瘫痪无法打开。

技术人员随即进行维护和防御，但攻击数据有增无减。6 月 11 日下午，攻击流量总计已超过 100GB。

此时除网站外，完美时空公司旗下 4 款大型网络游戏全部无法正常进行，网络充值系统关闭。大量玩家欲登录官方论坛询问情况，却发现论坛也已无法打开。

6 月 11 日，北京科技大学网络技术中心的专家前往公司帮助抵御攻击。当日傍晚，攻击狂潮逐渐退去，网站恢复正常，游戏服务器重新运营。

攻击狂潮造成损失惨重。因充值系统及游戏无法运营，光完美时空一家公司损失就达数百万元。

6 月 11 日下午，完美时空公司官方声明，称“中国网络史上最大规模的黑客攻击在 6 月 11 日凌晨上演”。

6. 黑客产业链

“挂马”“抓鸡”“洗信”，通过一系列专业的技术和严密的流程配合，网络黑客们制造了一条规模价值巨大的产业链。

这一产业链所指向和威胁的不仅仅是个人的隐私、商家的机密、政府的信息，更有甚者，将国家安全也纳入其中，企图分而食之。

“网络安全技术就像枪支，本身并没有危害，危害来源于掌握他的人。”面对日益猖獗的黑客产业，北京椒图科技网络安全专家李科对《法治周末》记者无奈地说。

日前，经金山毒霸安全中心验证发现，PUTTY 等三款 Linux 服务器管理软件的汉化版本存在后门程序，可窃取管理员账号，从而完全控制 Linux 服务器。而与传统在个人计算机上运行的“后门”不同，此次后门程序将主要攻击目标锁定在大型商用服务器上，其中可能涉及金融、能源、电信等重要领域。

“对政府、能源、金融等机构来说，存在后门程序的服务器就像是在信息系统中埋下的‘定时炸弹’。一旦遭到黑客攻击，将会对国民经济和社会发展造成严重打击，甚至危及国家安全!”一位不愿具名的信息安全专家对《法治周末》记者强调。据不完全统计，目前已有上万服务器 IP、账户、密码等惨遭泄露，已经确认的受害信息系统 IP 或域名超过 1 500 个，其中有 64 个政府网站域名。

在 PUTTY“后门”被曝光之前，这些内置后门程序的汉化版软件已经运营了近半年时间。因此，相比已遭受信息泄露的服务器，还有更多大型商用服务器存在被黑客攻击的潜在威胁。

“去年年底中国最大规模的用户信息泄露事件余波未了，如今黑客的触角就伸到了涉及政府核心业务的服务器。黑客行为的步步紧逼，凸显的是背后黑客产业的日益壮大。”易观国际网游市场分析师孙梦子说。

黑客产业现在究竟有多大，恐怕没有人能说得清楚。但据业内人士估算，黑客组织实际掌握的用户数据库记录数规模远超一亿条，而目前黑客的产业链规模价值也已超过百亿元。

那么上百亿元的黑客产业到底如何运作呢？记者通过潜伏国内数家黑客论坛发现，黑客产业已经形成了分工明确、资金规模巨大的黑客产业链!

“现在最普遍的黑客产业就是通过‘挂马’和抓‘肉鸡’盗卖网游装备，既简单又实际，‘黑友’们比较容易上手。有些网络游戏的高级装备可以卖到几千元，因此月收入从一两千到一两万都有可能。”当记者在黑客中国论坛以新手身份向某位前辈了解黑客如何盈利时，该网友如是说。

然而这看似简单的“抓鸡”过程，却有着环环相扣的操作流程。

“首先得开发。”所谓开发，就是由黑客中的技术精英通过针对不同的网站或网络游戏的账户，开发不同形式的木马变种，编写木马病毒程序，然后按类别卖给传播木马病毒的“包马人”(类似于某些品牌的总代理)。这一过程通常只需要几小时到几天不等。

然后，由该“包马人”转卖给二级、三级“包马人”(类似区域品牌代理)，这些人往往是只懂得运营黑客木马而不懂开发的下线黑客，他们负责木马的传播。拿到木马病毒的下线黑客们，通过各个知名网站的代码漏洞，将木马病毒挂在这些知名网站上。

接下来，就是静等网民上钩了。只要网民浏览了这些挂有木马的网站，木马病毒就会自动侵入网民的电脑中，从而盗取网民的网游账号，然后以邮件的形式自动回传给黑客。

在回收到大量的邮件后，黑客们将登录盗来的网游账号，将账号内的装备和虚拟金钱全部转移出来，然后通过现实世界的金钱交易获得巨大利润，业内称该步骤为“洗信”。

这种严密的代理制度正是近年来黑客产业飞速壮大的原因之一。

那么，如果是刚刚入门的新人，完全不懂如何“挂马”和“抓鸡”，是否也能成为一名赚钱的黑客呢？该网友表示：“技术可以慢慢学，学不会也有现成的工具和教材。”

《法治周末》记者在调查中发现，黑客论坛中，类似“给力抓鸡工具，一小时 150 只”“日盗万

Q不是梦——史上最快超详细盗Q教程”的帖子人气颇高，仅黑客中国论坛中就存在数十条与盗号技术相关的工具与教程，而在论坛求购服务器进行“抓鸡”的网友也不在少数。

事实上，不只网游装备，任何可以换成金钱的东西，都是黑客窃取的对象。瑞星公司统计数据显示，近年来黑客的涉猎范围，已经从窃取个人资料如QQ密码、网游密码，发展到银行账号、信用卡账号等。

而根据攻击对象的不同，木马病毒的价格也不一样。一位专长编写木马病毒的黑客对记者透露，感染普通计算机盗取游戏账号的病毒一个才卖200元到300元，而能获得银行账号信息的高级病毒价格能翻到10倍以上。

“这种黑客行为无异于现实世界中的盗窃。然而现实世界中明确的违法行为，在虚拟的网络世界中，法律的约束力就弱化了许多。往往阻碍黑客参与这种黑色交易底线的不是法律，而是道德。”北京市律师协会信息网络法律专业委员会主任李德成对《法治周末》记者表示。

7. 商家竞争雇黑客攻击

虽然在黑客产业中，盗取网游装备与个人信息的现象最为普遍，但因其技术简单，在黑客中往往被认为是下乘做法。更多黑客中的精英，都在探索技术性的新型产业链。病毒模块、僵尸网络、被攻陷的服务器管理权等都已经被用来出售，很多黑客还开始利用拍卖网站、聊天室、地下社区等渠道，寻找买主和合作伙伴，取得现金收入。

其中，利用木马病毒敲诈和受雇攻击成了黑客产业的新方向。

据电子商务中心调查结果显示，2012年与2011年电子商务大环境发生了很大改变，部分公司减少了硬广告投放，加大了搜索引擎的竞价投放，其金额甚至超过了2011年的硬广告投放金额，这让黑客们嗅到了商机。

一家规模不到千万元的鞋类购物网站负责人对记者表示，仅去年年底，就遭到过三次黑客攻击，每次攻击时间从一周到十几天不等，最后甚至导致机房瘫痪，网站无法访问，直接经济损失30万元左右。而对方攻击的理由却是，要求公司每月交纳1 200元“安全费用”，或者到相应网站购买广告位。

由于中小型电商公司的带宽往往无法承受黑客的攻击，要想不受骚扰，只能租用高额的抗攻击服务器，但仅这一项花费每月就要多出十几万的开销。因此，大部分电商企业只能选择妥协。“对于被攻击的事，大家都心照不宣，花点小钱而已，能破财消灾就不错了。”该负责人无奈道。

中国电子商务协会政策法律委员会委员赵占领对《法治周末》记者表示，如果电商企业承认被黑客攻击，那么它的信息安全保障水平容易受消费者质疑，甚至引起恐慌，导致用户流失，所以电商往往不敢声张。

“广告数量太少，利润又太低，如果再不增加广告数量，怎么能盈利？”红客中国论坛上一名个人网站站长百里景洪对记者说出了自己的看法。

为了网站的生存，他过去也曾跟其他几位“黑友”一起，对几家小型电商网站发起过攻击。通过在“数据中国”的机房租用60台服务器，用流量攻击的方式进攻不愿意在自己网站投放广告的电商。“这些服务器产生的流量超过6GB，如果同时访问一个网站，这个网站很容易就‘卡死’了。”百里景洪对记者透露。

然而让他没有想到的是，经过几次攻击，居然有人自己找上门来，却不是为了发广告。

“有人登录我的网站留言，说想跟我们合作，但不是广告，而是帮他攻击别人。”百里景洪回忆,“其实就是互相竞争,大家都想击垮竞争对手。本来不想插手,但他给的价格比广告费还高,就接了下来。”

事后百里景洪才发现,为商家打击竞争对手,也成了黑客产业的业务方向之一。“现在仍然有许多黑客团体在通过网络攻击收取保护费,或者通过打击竞争对手来‘提升公司竞争实力’。毕竟这种攻击软件随手可得,根本没有人监管。”现已退出这项业务的百里景洪告诉记者。

为了调查百里景洪所说是否属实,记者通过搜索引擎查询相关攻击软件。其中,一款名为集群 DDOS 攻击器的软件相当热门,被誉为是黑客最常用攻击软件之一,其厂家更是声称自己是全国最大的网络攻击供应商。但当被问及产品被用来攻击网站是否要承担法律责任时,其工作人员却表示,该产品是用来进行防火墙压力测试的网络测试软件,并不存在法律问题。

一边是受害者三缄其口,一边是行凶者有恃无恐,这让黑客产业的新业务更加一发不可收拾。

8. 白帽黑客与黑帽黑客

有矛就会有盾。对于熟知网络安全技术的精英们来说,成为黑客并非是唯一出路。

与擅长攻击,以破坏见长的黑帽黑客(black hat hacker)不同,还有一些网络安全精英成为了以测试网络和系统的性能来判定它们能够承受入侵的强弱程度的白帽黑客(white hat hacker),也就是网络安全专家。

通常,白帽黑客多为学术研究人员和专职安全顾问,他们攻击自己的系统,或被聘请来攻击客户的系统以便进行安全审查。

与黑帽黑客相比,白帽黑客也有自己的产业。而其中最为人熟知的,就是为系统找漏洞、打补丁。

每年,全球各大软件厂商如谷歌、微软等企业都会组织自己的黑客编程竞赛,以寻找自己服务器或操作系统中的漏洞。对于能攻破系统的黑客,更会提供额外奖金。但更多的时候,部分系统漏洞并未被厂商所发现,如果它们被黑帽黑客所掌握,难免会造成损失。

以黑客的行事习惯,发现漏洞之后往往不会马上公布于众,而是如“幽灵”般游离于规则之外,通过自由进出,篡改数据,制作“彩蛋”(隐藏在软件中的功能或信息,通常是无恶意的)等方式独享该漏洞,以满足自己的成就感。一般来讲,大概 3 到 6 个月之后,厂商才会关注到该漏洞。然而即使发现漏洞,厂商要制作补丁也非一朝一夕之事。从制作补丁到用户安装补丁,这期间也要经历约 3 到 6 个月。也就是说,从黑客找到漏洞到厂商通过补丁解决漏洞,中间将会有半年到一年的真空期。这段时间内,系统没有任何防护手段,十分危险。

因此,就需要安全防护人员,也就是白帽黑客提前发现问题,缩短真空期,以便厂商在黑客入侵造成损失之前完成补丁。

如果黑客成功对大型网站的服务器进行攻击,获取其数据库内的用户信息,将会产生巨大的商业价值。他不但可以洗劫账户内的虚拟财产,还可以通过泄密信息帮助竞争对手打击网站,后续还能够整理用户信息卖给有需要的买家,总体收入甚至有可能过千万元。而在网络安全的应对方面,监管尚属薄弱,因而更需要网络安全行业的出现。

“做网络安全行业,拿的是业内普遍标准的薪酬,而黑客则是在灰色地带利用技术获取暴利。相比网络安全行业,黑客的收入往往要高出很多,但至少网络安全专家可以行走在阳光下。”

虽然看似黑客产业暂时还只是通过灰色地带收获经济利益，但其潜在的影响力却不容忽视。“如果不能竖起坚强的‘安全盾牌’，恐怕黑客的‘长矛’早晚会伤及国家安全。”

这样的担忧不无道理。早在2010年，伊朗就曾爆发“震网”病毒（Stuxnet蠕虫病毒）。黑客通过病毒将伊朗核工业中离心机的转速调高了20%，而公共系统中的显示值却依然正常。就是这看似“无伤大雅”的把戏，让伊朗近两成的离心机报废，导致伊朗核工业倒退了近十年。而谁又能担保这种对国家安全的攻击以后不会成为黑客产业中新的链条呢？

“因此，针对同业涉及国家核心业务的PUTTY‘后门’事件，有关部门应该引起高度重视，将公共系统的风险上升到国家安全的高度来防范。”

3.1.3　黑客攻击的步骤

每一次成功的攻击，都可以归纳成基本的五步，但是根据实际情况可以随时调整。归纳起来就是“黑客攻击五部曲”：隐藏IP、踩点扫描、获得系统或管理员权限、种植后门、在网络中隐身。

1. 隐藏IP

这一步必须做，因为如果自己的入侵的痕迹被发现了，当警察找上门的时候就一切都晚了。通常有两种方法实现自己IP的隐藏：

第一种方法是首先入侵互联网上的一台电脑（俗称“肉鸡”），利用这台电脑进行攻击，这样即使被发现了，也是“肉鸡”的IP地址。

第二种方法是做多极跳板“Sock代理”，这样在入侵的电脑上留下的是代理计算机的IP地址。

比如攻击A国的站点，一般选择离A国很远的B国计算机作为“肉鸡”或者“代理”，这样跨国度的攻击，一般很难被侦破。

2. 踩点扫描

踩点就是通过各种途径对所要攻击的目标进行多方面的了解（包括任何可得到的蛛丝马迹，但要确保信息的准确），确定攻击的时间和地点。

踩点的目的就是探察对方的各方面情况，确定攻击的时机。摸清楚对方最薄弱的环节和守卫最松散的时刻，为下一步的入侵提供良好的策略。

常见的踩点方法包括在域名及其注册机构的查询、公司性质的了解、对主页进行分析、邮件地址的搜集、目标IP地址范围查询。

扫描的目的就是利用各种工具查找攻击目标的IP地址或地址段的主机的漏洞。扫描采取模拟攻击的形式对目标可能存在的已知安全漏洞逐项进行检查，目标可以是工作站、服务器、交换机、路由器和数据库应用等。根据扫描结果向扫描者或管理员提供周密可靠的分析报告。

扫描策略有两种类型：被动式策略和主动式策略。

被动式策略就是基于主机之上，对系统中不合适的设置、脆弱的口令以及其他同安全规则抵触的对象进行检查。主动式策略是基于网络的，它通过执行一些脚本文件模拟对系统进行攻击的行为并记录系统的反应，从而发现其中的漏洞。被动式扫描不会对系统造成破坏，而主动式扫描对系统进行模拟攻击，可能会对系统造成破坏。

主动式扫描一般包含以下几种选项：

(1)活动主机探测;

(2)ICMP 查询;

(3)网络 PING 扫描;

(4)端口扫描;

(5)标识 UDP 和 TCP 服务;

(6)指定漏洞扫描;

(7)综合扫描。

扫描方式可以分成两大类:慢速扫描和乱序扫描。

(1)慢速扫描:对非连续端口进行扫描,并且源地址不一致,时间间隔长,没有规律。

(2)乱序扫描:对连续的端口进行扫描,源地址一致,时间间隔短。

3. 获得系统或管理员权限

得到管理员权限的目的是连接到远程计算机,对其进行控制,达到自己的攻击目的。获得系统及管理员权限的方法有:

(1)通过系统漏洞获得系统权限;

(2)通过管理漏洞获得管理员权限;

(3)通过软件漏洞得到系统权限;

(4)通过监听获得敏感信息,进一步获得相应权限;

(5)通过弱口令获得远程管理员的用户密码;

(6)通过穷举法获得远程管理员的用户密码;

(7)通过攻破与目标机有信任关系的另一台机器进而得到目标机的控制权;

(8)通过欺骗获得权限。

4. 种植后门

为了保持长期对自己胜利果实的访问权,在已经攻破的计算机上种植一些供自己访问的后门。

5. 在网络中隐身

一次成功入侵之后,一般在对方的计算机上已经存储了相关的登录日志,这样就容易被管理员发现。

在入侵完毕后需要清除登录日志以及其他相关的日志。

3.2 病　　毒

3.2.1 计算机病毒的定义

计算机病毒(Computer Virus)在《中华人民共和国计算机信息系统安全保护条例》中被明确定义,病毒指"编制或者在计算机程序中插入的破坏计算机功能或者破坏数据,影响计算机使用并且能够自我复制的一组计算机指令或者程序代码"。而在一般教科书及通用资料中计算机病毒被定义为:利用计算机软件与硬件的缺陷,破坏计算机数据并影响计算机正常工作的一组指令集或程序代码。计算机病毒最早出现在 20 世纪 70 年代 David Gerrold 科幻小说 *When H.A.R.L.I.E. was One* 中。最早科学定义出现在 1983 年 Fred Cohen(南加大)的博士论文《计算机病毒实验》中:"一种能把自己(或经演变)注入其他程序的计算机程序"。启动区病毒、宏(macro)病毒、脚本(script)病毒也是相同概念,传播机制同生物病毒类似。

3.2.2　计算机病毒的长期性

病毒往往会利用计算机操作系统的弱点进行传播,提高系统的安全性是防病毒的一个重要方面,但完美的系统是不存在的,过于强调提高系统的安全性将使系统多数时间用于病毒检查,从而失去可用性、实用性和易用性。病毒与反病毒将作为一种技术对抗长期存在,两种技术都将随计算机技术的发展而得到长期的发展。

3.2.3　计算机病毒的产生

病毒不是来源于突发或偶然的原因。一次突发的停电和偶然的错误,会在计算机的磁盘和内存中产生一些乱码和随机指令,但这些代码是无序和混乱的;病毒则是一种比较完美的、精巧严谨的代码,按照严格的秩序组织起来,与所在的系统网络环境相适应和配合起来,病毒不会通过偶然形成,并且需要有一定的代码长度,这个基本的长度从概率上来讲是不可能通过随机代码产生的。现在流行的病毒是人为编写的,多数病毒可以找到作者和产地信息,从大量的统计分析来看,病毒作者编写计算机病毒程序的目的是:出于表现自己和证明自己的能力,出于对上司的不满,为了好奇,为了报复,为了祝贺和求爱,为了得到控制口令,为了软件拿不到报酬预留的陷阱等,当然也有因政治、军事、宗教、民族、专利等方面的需求而专门编写的,其中也包括一些病毒研究机构和黑客的测试病毒。

3.2.4　计算机病毒的特点

计算机病毒具有以下几个特点:

(1)寄生性。计算机病毒寄生在其他程序之中,当执行这个程序时,病毒就起破坏作用,而在未启动这个程序之前,它是不易被人发觉的。

(2)传染性。计算机病毒不但本身具有破坏性,更具有传染性,一旦病毒被复制或产生变种,其传播速度之快令人难以预防。传染性是病毒的基本特征。在生物界,病毒通过传染从一个生物体扩散到另一个生物体。在适当的条件下,它可得到大量繁殖,并使被感染的生物体表现出病症甚至死亡。同样,计算机病毒也会通过各种渠道从已被感染的计算机扩散到未被感染的计算机,在某些情况下造成被感染的计算机工作失常甚至瘫痪。与生物病毒不同的是,计算机病毒是一段人为编制的计算机程序代码,这段程序代码一旦进入计算机并得以执行,它就会搜寻其他符合其传染条件的程序或存储介质,确定目标后再将自身代码插入其中,达到自我繁殖的目的。只要一台计算机染毒,如不及时处理,那么病毒会在这台计算机上迅速扩散,其中的大量文件(一般是可执行文件)会被感染。而被感染的文件又成了新的传染源,再与其他机器进行数据交换或通过网络接触,病毒会继续进行传染。正常的计算机程序一般是不会将自身的代码强行连接到其他程序之上的。而病毒却能使自身的代码强行传染到一切符合其传染条件的未受到传染的程序之上。计算机病毒可通过各种可能的渠道,如软盘、计算机网络去传染其他的计算机。当用户在一台机器上发现了病毒时,往往曾在这台计算机上用过的软盘已感染上了病毒,而与这台机器相联网的其他计算机也许也被该病毒染上了。是否具有传染性是判别一个程序是否为计算机病毒的最重要条件。病毒程序通过修改磁盘扇区信息或文件内容并把自身嵌入到其中的方法达到病毒的传染和扩散的目的。被嵌入的程序叫做宿主程序。

(3)潜伏性。有些病毒像定时炸弹一样，让它什么时间发作是预先设计好的。比如黑色星期五病毒，不到预定时间一点都觉察不出来，等到条件具备的时候一下子就爆发开来，对系统进行破坏。一个编制精巧的计算机病毒程序，进入系统之后一般不会马上发作，可以在几周或者几个月甚至几年内隐藏在合法文件中，对其他系统进行传染，而不被人发现，潜伏性越好，其在系统中的存在时间就会越长，病毒的传染范围就会越大。潜伏性的第一种表现是指，病毒程序不用专用检测程序是检查不出来的，因此病毒可以静静地躲在磁盘或磁带里待上几天，甚至几年，一旦时机成熟，得到运行机会，就会四处繁殖、扩散，继续为害。潜伏性的第二种表现是指，计算机病毒的内部往往有一种触发机制，不满足触发条件时，计算机病毒除了传染外不做什么破坏。触发条件一旦得到满足，有的在屏幕上显示信息、图形或特殊标识，有的则执行破坏系统的操作，如格式化磁盘、删除磁盘文件、对数据文件加密、封锁键盘以及使系统死锁等。

(4)隐蔽性。计算机病毒具有很强的隐蔽性，有的可以通过病毒软件检查出来，有的根本就查不出来，有的时隐时现、变化无常，这类病毒处理起来通常很困难。

(5)破坏性。计算机中毒后，可能会导致正常的程序无法运行，计算机内的文件被删除或受到不同程度的损坏，通常表现为增、删、改、移。

(6)可触发性。因某个事件或数值的出现，诱使病毒实施感染或进行攻击的特性称为病毒的可触发性。为了隐蔽自己，病毒必须潜伏，少做动作。如果完全不动，一直潜伏的话，病毒既不能感染也不能进行破坏，便失去了杀伤力。病毒既要隐蔽又要维持杀伤力，它必须具有可触发性。病毒的触发机制就是用来控制感染和破坏动作的频率的。病毒具有预定的触发条件，这些条件可能是时间、日期、文件类型或某些特定数据等。病毒运行时，触发机制检查预定条件是否满足，如果满足，启动感染或破坏动作，使病毒进行感染或攻击；如果不满足，使病毒继续潜伏。

3.2.5 计算机病毒的分类

计算机病毒种类繁多，可以从各种角度对其进行分类。

(1)根据病毒存在的媒体，病毒可以划分为网络病毒、文件病毒、引导型病毒。网络病毒通过计算机网络传播感染网络中的可执行文件，文件病毒感染计算机中的文件，引导型病毒感染启动扇区(Boot)和硬盘的系统引导扇区(MBR)，还有这三种情况的混合型，例如：多型病毒(文件和引导型)感染文件和引导扇区两种目标，这样的病毒通常都具有复杂的算法，它们使用非常规的办法侵入系统，同时使用了加密和变形算法。

(2)根据病毒传染的方法可分为驻留型病毒和非驻留型病毒。驻留型病毒感染计算机后，把自身的内存驻留部分放在内存(RAM)中，这一部分程序挂接系统调用并合并到操作系统中去，处于激活状态，一直到关机或重新启动。非驻留型病毒在得到机会激活时并不感染计算机内存。一些病毒在内存中留有小部分，但是并不通过这一部分进行传染，这类病毒也被划分为非驻留型病毒。

(3)根据病毒破坏的能力可划分为以下几种：

1)无害型。除了传染时减少磁盘的可用空间外，对系统没有其他影响。

2)无危险型。这类病毒仅仅是减少内存、显示图像、发出声音及同类音响。

3)危险型,这类病毒在计算机系统操作中造成严重的错误。

4)非常危险型。这类病毒删除程序、破坏数据、清除系统内存区和操作系统中重要的信息。这些病毒对系统造成的危害,并不是本身的算法中存在危险的调用,而是当它们传染时会引起无法预料的和灾难性的破坏。由病毒引起其他的程序产生的错误也会破坏文件和扇区,这些病毒也按照它们引起的破坏能力划分。一些现在的无害型病毒也可能会对新版的DOS、Windows和其他操作系统造成破坏。例如:在早期的病毒中,有一个“Denzuk”病毒在360KB磁盘上很好地工作,不会造成任何破坏,但是在后来的高密度软盘上却能引起大量的数据丢失。

(4)根据病毒特有的算法,病毒可以划分为:

1)伴随型病毒,这一类病毒并不改变文件本身,它们根据算法产生EXE文件的伴随体,具有同样的名字和不同的扩展名(COM),例如:XCOPY.EXE的伴随体是XCOPY.COM。病毒把自身写入COM文件并不改变EXE文件,当DOS加载文件时,伴随体优先被执行到,再由伴随体加载执行原来的EXE文件。

2)“蠕虫”型病毒,通过计算机网络传播,不改变文件和资料信息,利用网络从一台机器的内存传播到其他机器的内存,计算网络地址,将自身的病毒通过网络发送。有时它们驻留在系统,一般除了内存不占用其他资源。

3)寄生型病毒,除了伴随和“蠕虫”型,其他病毒均可称为寄生型病毒,它们依附在系统的引导扇区或文件中,通过系统的功能进行传播。

4)诡秘型病毒,它们一般不直接修改DOS中断和扇区数据,而是通过设备技术和文件缓冲区等DOS内部修改,不易看到资源,使用比较高级的技术,利用DOS空闲的数据区进行工作。

5)变型病毒(又称幽灵病毒),这一类病毒使用一个复杂的算法,使自己每传播一份都具有不同的内容和长度。它们一般是由一段混有无关指令的解码算法程序和被变化过的病毒体组成。

3.2.6 计算机病毒的发展

在病毒的发展史上,病毒的出现是有规律的,一般情况下一种新的病毒技术出现后,病毒迅速发展,接着反病毒技术的发展会抑制其流传。操作系统升级后,病毒也会调整为新的方式,产生新的病毒技术。计算机病毒的发展可分为以下几个阶段。

1. DOS引导阶段

1987年,计算机病毒主要是引导型病毒,具有代表性的是“小球”和“石头”病毒。当时的计算机硬件较少,功能简单,一般需要通过软盘启动后使用。引导型病毒利用软盘的启动原理工作,它们修改系统启动扇区,在计算机启动时首先取得控制权,减少系统内存,修改磁盘读/写中断,影响系统工作效率,在系统存取磁盘时进行传播。

1989年,引导型病毒发展为可以感染硬盘,典型的代表有“石头2”。

2. DOS可执行阶段

1989年,可执行文件型病毒出现,它们利用DOS系统加载执行文件的机制工作,代表为“耶路撒冷”,“星期天”病毒,病毒代码在系统执行文件时取得控制权,修改DOS中断,在系统调用时进行传染,并将自己附加在可执行文件中,使文件长度增加。

1990年,可执行文件型病毒发展为复合型病毒,可感染COM和EXE文件。

3. 伴随、批次型阶段

1992 年，伴随型病毒出现，它们利用 DOS 加载文件的优先顺序进行工作，具有代表性的是“金蝉”病毒，它感染 EXE 文件时生成一个和 EXE 同名但扩展名为 COM 的伴随体；它感染文件时，将原来的 COM 文件改为同名的 EXE 文件，再产生一个原名的伴随体，文件扩展名为 COM，这样，在 DOS 加载文件时，病毒就取得控制权。这类病毒的特点是不改变原来的文件内容、日期及属性，解除病毒时只要将其伴随体删除即可。在非 DOS 操作系统中，一些伴随型病毒利用操作系统的描述语言进行工作，具有典型代表的是“海盗旗”病毒，它在得到执行时，询问用户名称和口令，然后返回一个出错信息，将自身删除。批次型病毒是工作在 DOS 下的和“海盗旗”病毒类似的一类病毒。

4. 幽灵、多形阶段

1994 年，随着汇编语言的发展，实现同一功能可以用不同的方式完成，这些方式的组合使一段看似随机的代码产生相同的运算结果。幽灵病毒就是利用这个特点，每感染一次就产生不同的代码。例如“一半”病毒就是产生一段有上亿种可能的解码运算程序，病毒体被隐藏在解码前的数据中，查解这类病毒就必须能对这段数据进行解码，加大了查毒的难度。多形病毒是一种综合性病毒，它既能感染引导区又能感染程序区，多数具有解码算法，一种病毒往往要两段以上的子程序方能解除。

5. 生成器、变体机阶段

1995 年，在汇编语言中，一些数据的运算放在不同的通用寄存器中，可运算出同样的结果，随机地插入一些空操作和无关指令，也不影响运算的结果，这样，一段解码算法就可以由生成器生成，当生成器的生成结果为病毒时，就产生了这种复杂的“病毒生成器”，而变体机就是增加解码复杂程度的指令生成机制。这一阶段的典型代表是“病毒制造机”VCL，它可以在瞬间制造出成千上万种不同的病毒，查解时就不能使用传统的特征识别法，需要在宏观上分析指令，解码后查解病毒。

6. 网络、蠕虫阶段

1995 年，随着网络的普及，病毒开始利用网络进行传播，它们只是以上几代病毒的改进。在非 DOS 操作系统中，“蠕虫”是典型的代表，它不占用除内存以外的任何资源，不修改磁盘文件，利用网络功能搜索网络地址，将自身向下一地址进行传播，有时也在网络服务器和启动文件中存在。

7. 视窗阶段

1996 年，随着 Windows 和 Windows 95 的日益普及，利用 Windows 进行工作的病毒开始发展，它们修改(NE,PE)文件，典型的代表是 DS. 3873，这类病毒的机制更为复杂，它们利用保护模式和 API 调用接口工作，解除方法也比较复杂。

8. 宏病毒阶段

1996 年，随着 Windows Word 功能的增强，使用 Word 宏语言也可以编制病毒，这种病毒使用类 Basic 语言，编写容易，感染 Word 文档等文件，在 Excel 和 AmiPro 出现的相同工作机制的病毒也归为此类。由于 Word 文档格式没有公开，这类病毒查解比较困难。

9. 互联网阶段

1997 年，随着因特网的发展，各种病毒也开始利用因特网进行传播，一些携带病毒的数据包和邮件越来越多，如果不小心打开了这些邮件，机器就有可能中毒。

10. 爪哇(Java)、邮件炸弹阶段

1997 年，随着万维网(Wold Wide Web)上 Java 的普及，利用 Java 语言进行传播和资料获取的病毒开始出现，典型的代表是 JavaSnake 病毒。还有一些利用邮件服务器进行传播和破坏的病毒，例如 Mail－Bomb 病毒，它会严重影响因特网的效率。

3.2.7　计算机病毒的破坏行为

计算机病毒的破坏行为体现了病毒的杀伤能力。病毒破坏行为的激烈程度取决于病毒作者的主观愿望和他所具有的技术能量。数以万计不断发展扩张的病毒，其破坏行为千奇百怪，不可能穷举，而且难以作全面的描述，根据现有的病毒资料可以把病毒的破坏目标和攻击部位归纳如下：①攻击系统数据区，攻击部位包括硬盘主引寻扇区、Boot 扇区、FAT 表、文件目录等。一般来说，攻击系统数据区的病毒是恶性病毒，受损的数据不易恢复。②攻击文件，病毒对文件的攻击方式很多，可列举如下：删除、改名、替换内容、丢失部分程序代码、内容颠倒、写入时间空白、变碎片、假冒文件、丢失文件簇、丢失数据文件等。③攻击内存，内存是计算机的重要资源，也是病毒攻击的主要目标之一，病毒额外地占用和消耗系统的内存资源，可以导致一些较大的程序难以运行。病毒攻击内存的方式如下：占用大量内存、改变内存总量、禁止分配内存、蚕食内存等。④干扰系统运行，此类型病毒会干扰系统的正常运行，以此作为自己的破坏行为，此类行为也是花样繁多，可以列举下述诸方式：不执行命令、干扰内部命令的执行、虚假报警、使文件打不开、使内部栈溢出、占用特殊数据区、时钟倒转、重启动、死机、强制游戏、扰乱串行口、并行口等。⑤速度下降，病毒激活时，其内部的时间延迟程序启动，在时钟中纳入了时间的循环计数，迫使计算机空转，计算机速度明显下降。⑥攻击磁盘，攻击磁盘数据、不写盘、写操作变读操作、写盘时丢字节等。⑦扰乱屏幕显示，病毒扰乱屏幕显示的方式很多，可列举如下：字符跌落、环绕、倒置、显示前一屏、光标下跌、滚屏、抖动、乱写、吃字符等。⑧键盘病毒，干扰键盘操作，已发现有下述方式：响铃、封锁键盘、换字、抹掉缓存区字符、重复、输入紊乱等。⑨喇叭病毒，许多病毒运行时，会使计算机的喇叭发出响声。有的病毒作者通过喇叭发出种种声音，有的病毒作者让病毒演奏旋律优美的世界名曲，在高雅的曲调中去杀戮人们的信息财富，已发现的喇叭发声有以下方式：演奏曲子、警笛声、炸弹噪声、鸣叫、咔咔声、嘀嗒声等。⑩攻击 CMOS，在机器的 CMOS 区中，保存着系统的重要数据，例如系统时钟、磁盘类型、内存容量等，并具有校验和。有的病毒激活时，能够对 CMOS 区进行写入动作，破坏系统 CMOS 中的数据。⑪干扰打印机，典型现象为假报警、间断性打印、更换字符等。

3.2.8　计算机病毒的危害性

计算机资源的损失和破坏，不但会造成资源和财富的巨大浪费，而且有可能造成社会性的灾难。随着信息化社会的发展，计算机病毒的威胁日益严重，反病毒的任务也更加艰巨了。1988 年 11 月 2 日下午 5 时 1 分 59 秒，美国康奈尔大学的计算机科学系研究生，23 岁的莫里斯(Morris)将其编写的蠕虫程序输入计算机网络，致使这个拥有数万台计算机的网络被堵塞。这件事就像是计算机界的一次大地震，引起了巨大反响，震惊了全世界，引起了人们对计算机病毒的恐慌，也使更多的计算机专家重视和致力于计算机病毒研究。1988 年下半年，我国在统计局系统首次发现了“小球”病毒，它对统计系统影响极大，此后由计算机病毒发作而引起的“病毒事件”接连不断，前一段时间发现的 CIH、美丽莎等病毒更是给社会造成了很大损失。

3.2.9 用户计算机中毒的24种症状

(1)计算机系统运行速度减慢。

(2)计算机系统经常无故发生死机。

(3)计算机系统中的文件长度发生变化。

(4)计算机的存储容量异常减少。

(5)系统引导速度减慢。

(6)丢失文件或文件损坏。

(7)计算机屏幕上出现异常显示。

(8)计算机系统的蜂鸣器出现异常声响。

(9)磁盘卷标发生变化。

(10)系统不识别硬盘。

(11)对存储系统异常访问。

(12)键盘输入异常。

(13)文件的日期、时间、属性等发生变化。

(14)文件无法正确读取、复制或打开。

(15)命令执行出现错误。

(16)虚假报警。

(17)换当前盘。有些病毒会将当前盘切换到C盘。

(18)时钟倒转。有些病毒会命令系统时间倒转,逆向计时。

(19)Windows 操作系统无故频繁出现错误。

(20)系统异常重新启动。

(21)一些外部设备工作异常。

(22)异常要求用户输入密码。

(23)Word 或 Excel 提示执行"宏"。

(24)使不应驻留内存的程序驻留内存。

3.2.10 2010年上半年全国病毒疫情汇总及趋势分析

1.2010年度上半年全国病毒疫情汇总

2010年上半年,据江民反病毒中心、江民全球病毒监测预警系统、江民客户服务中心联合统计的数据,截止到2010年6月31日,共截获新增计算机病毒(样本)数总计(包括木马、后门、广告程序、间谍木马、脚本病毒、漏洞病毒、蠕虫病毒)7 584 737个,其中新增木马(样本)4 454 277个,新增后门(样本)623 791个,新增广告程序(样本)223 639个,新增漏洞病毒(样本)166 359个,其他病毒(样本)1 063 255个。

各类病毒所占比例如图3.1所示。

(1)2010年上半年病毒疫情变化趋势。2010年上半年,江民反病毒中心截获的计算机病毒数量呈逐月上升趋势。病毒感染的计算机数量3月份达到峰值,2月份最低。这说明,2010年上半年的计算机病毒疫情发作特征,是与当月的安全事件密切相关的。如图3.2所示数据说明,虽然每月截获的计算机病毒数量在增长,然而病毒感染的计算机台数走势却并不同步。

3 月份微软最新漏洞被黑客大规模利用，导致了病毒疫情的集中发作。而 4 月份虽然截获的计算机病毒在上升，但病毒疫情却呈现下降趋势。

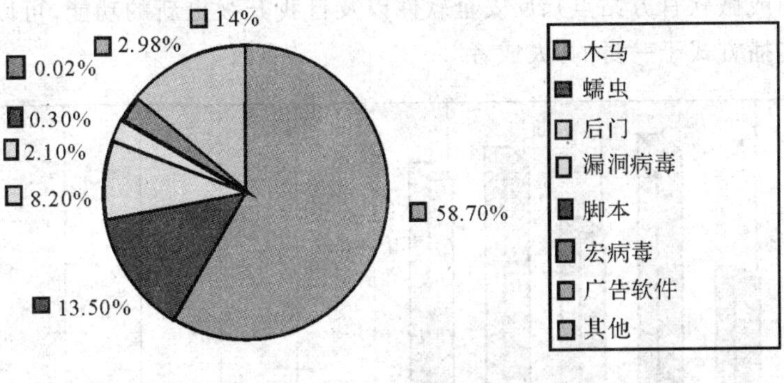

图 3.1 2010 年上半年计算机病毒类型所占比例图

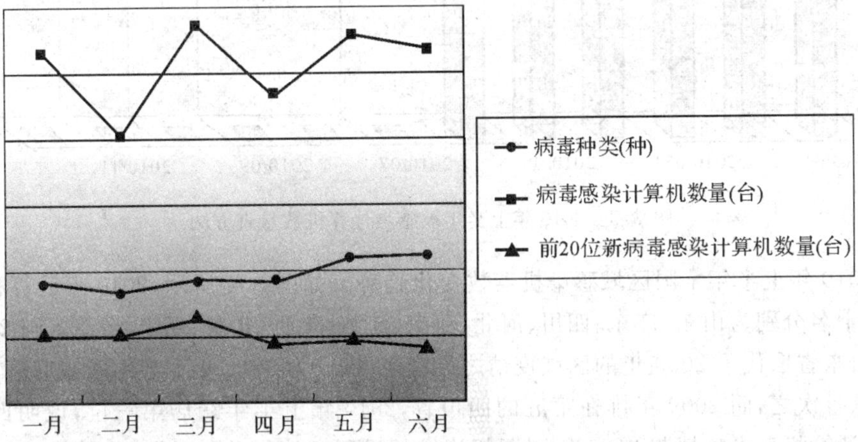

图 3.2 2010 年上半年计算机病毒疫情变化曲线图

江民反病毒中心对每月前 20 位新病毒感染计算机进行了监测，虽然病毒一直在增长，然而前 20 位新病毒感染的计算机台数却在逐步下降。这说明，新病毒造成的危害开始逐步趋缓，越来越多的用户电脑感染的是一些已经出现的老病毒或是老病毒的变种。

(2)2010 年上半年全国月度病毒感染计算机台数变化趋势。如图 3.3 所示，从病毒感染计算机台数看，2010 年 3 月份为上半年病毒疫情最为严重的月份。1,5,6 月份基本持平，比 3 月份感染计算机台数略低。导致 3 月份疫情剧增的原因，是由于 IE 浏览器被曝存在零日漏洞"CVE－2010－0806"，由此导致大量的黑客利用该漏洞进行挂马，从而刷新了感染病毒的计算机数量。江民反病毒中心每日监测漏洞活动情况，从 3 月 9 日开始不到三周的时间里，该漏洞已经被大范围利用，超过 80％的恶意网站利用该漏洞进行网页挂马。江民反病毒专家分析，3 月 9 日恰好是微软发布 3 月份安全更新的日子，大多数0－day漏洞都在"微软补丁日"后开始频繁活动，黑客这样做是为了赢得更长的"无补丁期"，所有这些，都直接导致了三月成为 2010 年上半年病毒活动最活跃的月份。

随着 3 月低该漏洞补丁程序的正式推出，4 月份由该漏洞导致的网络攻击事件开始减少，进而感染病毒的计算机数量也呈现出下降的趋势。然而，进入 5 月份，由于"刻毒虫"变种病毒的发作，导致5月份病毒疫情较4月份上升20%。“刻毒虫”病毒利用U盘和系统漏洞在局域网和不同系统之间进行传播，其具有下载其他恶意程序、干扰被感染系统访问指定站点（通常为安全软件厂商或微软官方站点）、反安全软件以及自我升级更新的功能，可以说是集现代病毒主要危害和传播方式于一身的“大成者”。

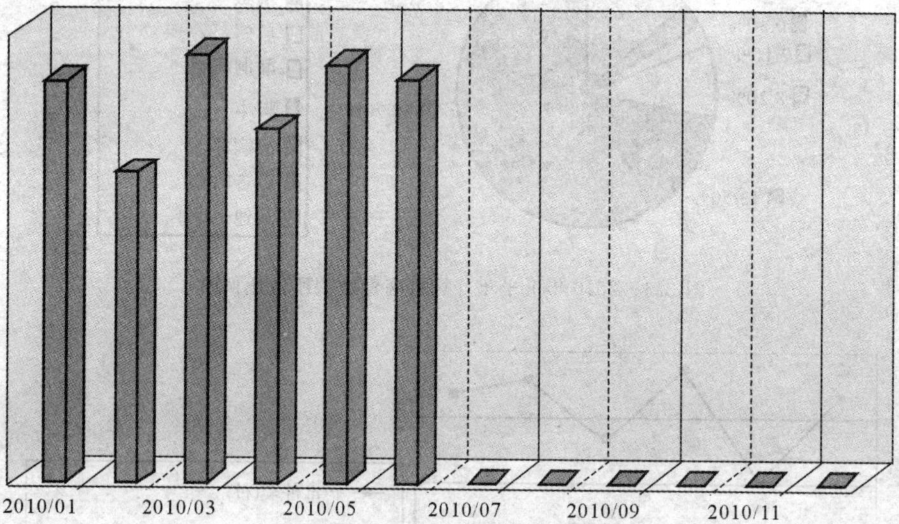

图 3.3　2010 年上半年被感染计算机数量直方图

（3）2010 年上半年全国区域感染机器数变化趋势。如图 3.4 所示，2010 年计算机病毒疫情区域前十名分别为山东、广东、四川、河北、河南、江苏、陕西、北京、辽宁、台湾。与 2009 年同期相比，山东省取代了 2009 年的区域疫情之最广东省，成为 2010 年上半年区域疫情最严重的地区，广东省次之，而 2009 年排在第五的四川省，2010 年上半年跃居第三位，说明四川 2010 年上半年计算机病毒疫情与 2009 年同期相比增长迅猛。值得关注的是，中国台湾地区 2010 年首次挤进了前十大病毒高发地区的统计数据中，这一情况是之前未曾出现过的。由此不难看出，台湾地区在今年上半年的病毒传播形势较为严峻。

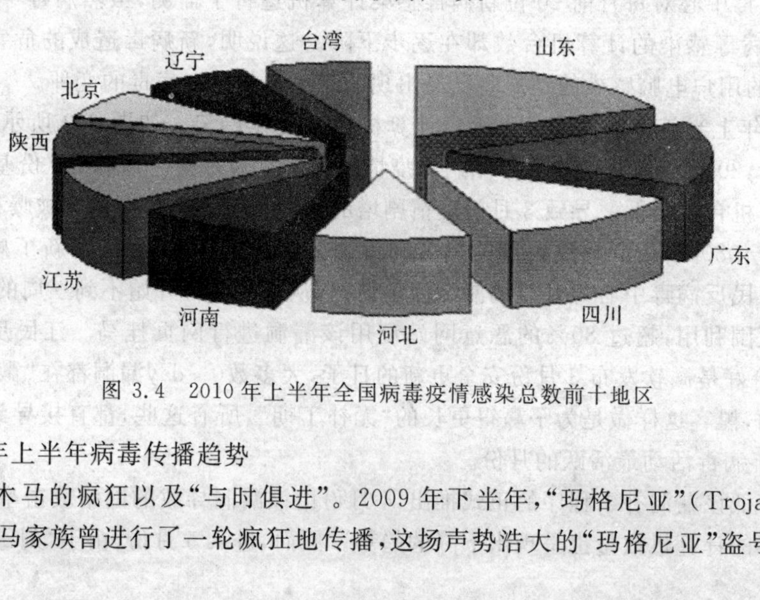

图 3.4　2010 年上半年全国病毒疫情感染总数前十地区

2. 2010 年上半年病毒传播趋势

（1）盗号木马的疯狂以及“与时俱进”。2009 年下半年，“玛格尼亚”（Trojan/PSW. Magania）盗号木马家族曾进行了一轮疯狂地传播，这场声势浩大的“玛格尼亚”盗号木马疫情直到2010年2月底3月初才彻底地走向绝迹。当时为了应对该家族木马每天成百乃至上千的变种数量，江民科技针对其提取了启发式检测特征，以此提高了江民杀毒软件对于该病毒新变种的查杀能力，最大程度上遏制其对游戏玩家所构成的威胁。

虽然“玛格尼亚”家族逐渐从人们的视野中淡出，但不法分子却丝毫没有放松对于游戏玩家账号的觊觎。他们摩拳擦掌，又一种采用新技术的盗号木马正在悄悄向用户伸出魔爪。

这种盗号木马不同于传统木马篡改注册表等自启动方法，其采用了更为隐蔽的病毒激活方式。这种盗号木马会篡改系统中一些常用的尤其是游戏正常运行所必需的DLL组件。当这些DLL被正常程序调用运行的时候，会首先加载盗号木马的相关组件，之后再去执行正常的文件功能。或者，直接将正常DLL文件重新命名，然后释放一个假冒的同名DLL去掩人耳目。这样，不仅实现了盗号木马的隐蔽启动，同时也不会影响系统的正常运行，可谓“一举两得”。这种方式算得上是一种颇为符合时势的做法。所谓久病成医，当前在杀毒软件的用户群体中有相当一部分属于“技术型用户”，他们通常都较为熟练地掌握着一些系统和反病毒工具，对于系统中出现的陌生进程、服务项等都具有较高的敏感度。如果盗号木马依旧保守于传统的做法，无异于自寻死路。就是在这样的现实环境下，迫使病毒作者不得不去寻找一些非常规的方式，才能更好地实现自身的隐藏，从而提高病毒文件的生存周期。

(2)Kido“刻毒虫”变种的爆发和盛行。自2009年年底，互联网就开始被一种名为“Kido”的蠕虫所侵扰。这个病毒是继2003年冲击波、震荡波之后，近些年来少有的殃及范围达全世界的蠕虫病毒。该病毒可通过CVE-2008-4250“服务器服务远程代码执行漏洞”进行自身的传播，因此对于那些没有为系统及时安装MS08-067所对应补丁的用户而言具有很大的威胁。

(3)IE漏洞两度掀起波澜。2010年上半年对于IE浏览器来说可谓不甚平静。1月14日，微软发布安全警告称，在当时的IE全系列版本中发现了一个由于访问被删除对象而导致任意代码执行的0-day漏洞。这个漏洞有一个很好听的名称：“Aurora”(极光)。不过，这个漏洞恰似南美热带雨林中的箭毒蛙一样，在看似美丽的修饰下面却蕴含着极大的威胁。果不其然，1月16日，利用该漏洞的恶意代码便在互联网上初露端倪。恶意代码的公布好比是打开了潘多拉的魔盒，随之变得一发而不可收拾。

1月19日，江民科技首次监测到了利用“极光”漏洞进行的挂马事件。而随后几天的监测数据表明，利用该漏洞进行恶意程序传播的站点开始出现猛增的态势，由此导致每天监控到的恶意网站数量较漏洞出现之前增加了数倍。原本显得疲态毕露，甚至依赖于多年前老旧漏洞的网页挂马再次找到了兴奋点，不法分子们如同“久旱逢甘露”一般趋之若鹜地投身到了新一轮的挂马大潮之中。

鉴于事态紧急，微软打破了每月推出安全更新的惯例，破例于北京时间1月22日凌晨推出了MS10-002号安全公告及相应补丁以对此漏洞进行修复。补丁的推出可谓将处于水深火热之中的广大网民及时地解救了出来，这从根本上降低了利用该漏洞进行挂马的成功率，势必也会严重地影响挂马者的积极性。不过据江民科技的监控数据显示，利用该漏洞进行的挂马行为依旧密集，这种情况一直持续到了3月18日，之后利用该漏洞的挂马便进入了消沉的阶段，仅偶有零星的挂马页面会再度利用这个已然大势已去的0-day漏洞。

补丁的推出对于终结“极光”漏洞起到了至关重要的作用，不过这还不是导致“极光”消退的全部原因。致使“极光”失色的另一重要因素，是挂马者们又觅到了“新欢”——“CVE-2010-0806”。这个漏洞不像“极光”有着一个美丽的名字，其标准的国际化漏洞编号命名仿佛直接警示着每个人，这势必又是一个将在全世界范围内掀起惊天波澜的0-day漏洞。

这个漏洞与“极光”一样，同样是由错误地引用被删除对象而导致，微软于3月9日向江民等MAPP成员通告了该漏洞的相关信息。仅仅在3天之后，江民科技便监测到了利用“CVE-2010-0806”漏洞进行的挂马事件。上次漏洞的迅速修复，如同给刚刚热闹起来的挂马泼了冷水一般，令不法分子心有不甘。不难想象，挂马者必定会借助这次漏洞事件来继续之前未能实现的非分之想。恶意站点的数量再次猛增，新漏洞迅速成为了挂马者们争相追捧的对象。这一次挂马者们从许多方面都下了工夫，比如，加密最终的恶意程序，并且在下载后通过shellcode进行解密。利用一些管理不严格的动态域名服务商频繁地更换二级域名，以此躲避杀软厂商的围剿等。显然，挂马者们通过各种手段和方式，妄图增加漏洞利用的成功率和相关恶意程序的生存概率，从而在最大程度上谋取非法的经济利益。

由于种种原因，微软原计划于4月份的例行安全更新中修复这一漏洞。但或许是考虑到IE6，IE7用户量众多，由此造成的社会影响较为广泛，微软再次打破惯例，于3月31日发布了MS10-018号安全公告及对应补丁，从而彻底帮助用户免遭漏洞的侵害。自6月末至今，“CVE-2010-0806”攻击者脚本病毒便表现出了持续的下跌，逐渐地淡出了流行病毒的排行。

(4)IE桌面快捷方式遭遇真假李逵。IE浏览器是上网冲浪不可或缺的组成部分，它是用户进入互联网的接口，是丰富内容得以展现的平台。首页是用户开启IE之后最先获取到的内容，其可能对用户后续的上网行为产生不同程度的影响。在互联网经济越发火热的今天，其更是成为了相关利益群体的必争之地。特别是对于那些依靠流量、推广而生存的小型站点而言，如何设定并牢牢守住用户的IE首页，更是事关自身存亡的头等大事。于是，IE首页绑架便出现在了网民的生活中。

早先绑架IE首页多是通过修改系统相关注册表项来实现。这一方法最早可以追溯到上个世纪，其实现方法已经不再是个秘密。大多数具有注册表监控的软件可以很好地对其进行监控和防御，因此不法之徒也便不再对其加以利用。

后来不法分子们开始隐藏桌面上的IE浏览器图标，并且释放假冒的IE浏览器快捷方式。由于两者看上去极为相似，最开始不容易引起用户的怀疑。不过由于其打开IE后会自动访问某些站点，而用户又没有发现注册表相关键值被篡改，因此很容易联想到是IE快捷方式存在问题。这类伪造的IE快捷方式具有“.lnk”扩展名，同时其右键菜单内容也不同于正常快捷方式，由此便露出了马脚。很快，这种方式的有效性也便失去了。

随之，又一种更加顽固的伪造IE快捷方式的方法出现。不法分子会在注册表Namespace项下添加相关键值，以此仿冒出不可通过右键菜单进行删除的IE快捷方式。由于其不具有扩展名，同时右键菜单内容也可以仿冒正常的IE快捷方式，从而更加具有迷惑性。这类快捷方式由于不便删除，因此表现得较为顽固。但是众多安全软件厂商都推出了自己的清理工具，从而再次切断了不法分子的生财之道。

(5)恶意推广变本加厉，脚本病毒凸显灵活多变。不法分子不曾放弃对非法利益的追逐，因此没有停下技术创新的脚步。Windows系统强大的功能，使得脚本的应用也随之丰富多样。同时，由于脚本语言灵活的表述方式，使得加密变形也显得十分容易，因此对于变种的查杀而言也造成了不小的难度。

5月份江民科技曾捕获到一个名为“JS毒器”变种gzn的脚本病毒。该病毒运行后会在正常程序文件夹下生成经过加密的恶意脚本并调用运行。恶意脚本运行后，首先会在注册表中创建自定义的扩展名，并且获取桌面上快捷方式的名称等信息，之后会在桌面上创建同名、同图标的假冒快捷方式。以后每当用户通过这种恶意快捷方式启动应用程序时，便会在后台首先执行指定的脚本。指定的脚本在运行后，会在IE收藏夹和桌面上创建大量的Internet快捷方式，以此诱导用户对指定的站点进行访问。这些快捷方式即使被用户删除，也依然会在用户点击假冒快捷方式之后被重复创建，从而令用户难以摆脱。不过对于一些有经验的用户而言，只要在发现桌面假冒快捷方式的奥秘之后，还算是不难处理。

越是容易处理的病毒，其生命周期和实际效果就越会受到限制，因此病毒作者会不断对技术加以变革和创新，从而增强病毒的生存能力和使用效果。仅仅过了不到一个月，这种JS脚本病毒便出现了最新的变种。其变种可谓是无所不用其极，已然大大地超越了前辈的作为。

该病毒的最新变种经过多重加密处理，运行后会将“开始”菜单下所有应用程序、系统程序的快捷方式篡改为随机扩展名的恶意脚本文件(不同于之前变种仅有的单一扩展名)，由于其图标仍旧保持原来的样式，因此十分具有迷惑性。这些伪装成快捷方式的恶意脚本在运行后，会首先判断所运行的进程是否为几款常见的网页浏览器。如果是，则会在进程名之后添加黑客指定的URL并且调用运行，从而以此种方式实现首页的绑架。由于该病毒会在注册表中生成大量随机的注册表项目，因此会给手动清除工作造成很大的不便。另外，由于桌面和开始菜单下的所有快捷方式都无一例外地被篡改，病毒清除后需进行的恢复工作也较为繁杂，否则仍会对用户的电脑操作造成干扰。该类病毒由于变种繁多，导致一些清理软件并不能完全地将被篡改的快捷方式彻底恢复。如果用户不慎点击了残留的恶意快捷方式，仍旧会激活藏身于系统文件夹中的母病毒，致使不断被重复感染，令用户难以摆脱侵害。

3.2010年上半年恶意站点、被挂马站点相关汇总和分析

(1)网页挂马和恶意网站常用漏洞。据江民科技的监测数据统计，2010年上半年经常被恶意站点和被挂马站点利用的漏洞见表3.1。

表3.1 2010年上半年网页挂马和恶意网站常用漏洞

漏洞名称	出自
IE未初始化内存破坏漏洞(CVE-2010-0806)	微软
IE HTML对象内存破坏漏洞(CVE-2010-0249)	
IE7未初始化内存破坏漏洞(CVE-2009-0075)	
OWC远程代码执行漏洞(CVE-2009-0015)	
微软ATL远程代码执行漏洞(CVE-2008-0015)	
微软MDAC远程代码执行漏洞(CVE-2006-0003)	
VML缓冲区溢出漏洞	
Realplayer缓冲区溢出漏洞	第三方软件
C6 Messenger远程代码执行漏洞	
暴风影音OnBeforeVideoDownload()函数栈溢出漏洞	
迅雷看看FlvPlayUrl方法缓冲区溢出漏洞	
淘宝旺旺RunWangWang()函数缓冲区溢出漏洞	
UUSee UUUpgrade ActiveX控件Update方法任意文件下载漏洞	

在这些漏洞中，约有60%出自微软旗下的相关产品，其余出自第三方软件。可见，微软的相关漏洞仍旧是用户面临的主要威胁。

在上述13个漏洞中，仅有两个是新发的漏洞，其余漏洞多是在2009年甚至是更早时间之前出现的。至今为止，这些漏洞都已通过相应的补丁或者程序的更新得以修复，可以说如果用户及时对操作系统、Office以及常用第三方软件进行更新，完全可以免遭这些网页木马的侵害，从而在很大的程度上增强系统的安全性。

(2)恶意站点的相关特点。国内某动态域名服务商旗下的动态域名常被不法分子用来传播网页木马和恶意程序。这类域名或许大家已经耳熟能详，例如3322.org，2288.org，9966.org，8866.org等。以2288.org为例，不法分子每天都要更换若干个域名来进行恶意程序的传播。表3.2所列是江民科技近期在2288.org监测到的部分用来挂马的恶意二级域名。

表3.2 部分用来挂马的恶意二级域名

域　名	域　名
ahw.2288.org	afe.2288.org
ahh.2288.org	aff.2288.org
ahs.2288.org	aey.2288.org
ahr.2288.org	aez.2288.org
ahi.2288.org	aew.2288.org
ahc.2288.org	aev.2288.org
ahe.2288.org	aex.2288.org
agr.2288.org	aeu.2288.org
agt.2288.org	aes.2288.org
agu.2288.org	aet.2288.org
agv.2288.org	aer.2288.org
agj.2288.org	aeq.2288.org
agh.2288.org	aep.2288.org
agk.2288.org	aek.2288.org
agj.2288.org	aei.2288.org
ags.2288.org	ael.2288.org
agl.2288.org	aeo.2288.org
afz.2288.org	aeg.2288.org
afx.2288.org	aef.2288.org
afy.2288.org	aee.2288.org
aga.2288.org	aeb.2288.org
afj.2288.org	aec.2288.org
afw.2288.org	adc.2288.org

续表

域　名	域　名
aft.2288.org	aed.2288.org
afv.2288.org	ade.2288.org
afu.2288.org	ada.2288.org
afs.2288.org	aes.2288.org
afq.2288.org	adn.2288.org
afp.2288.org	adf.2288.org
afr.2288.org	afo.2288.org
afh.2288.org	afm.2288.org
afi.2288.org	aff.2288.org
afl.2288.org	afg.2288.org
afc.2288.org	afe.2288.org
afa.2288.org	afb.2288.org
……	……

这些域名的二级域名通常为3位英文字母，按照每位至少存在26种可能计算下来，不法分子至少可以创造出17 576个二级域名，从而可以轻易实现“打一枪换一个域名”，以此躲避对于其域名的封堵。不法分子每天都在同安全软件厂商乐此不疲地玩着这种更换域名的游戏，不过这种情况自6月底已开始大幅减少。这或许说明，相关的域名服务商可能加大了自身的管理力度，如果是这样那必将在源头上对挂马行为起到遏制。

不仅仅是动态域名，挂马者们还利用了国外一些域名注册商的审核不严格，注册了大量的.info的域名进行恶意程序的传播。表3.3所列是江民科技近期监测到的部分.info域名。

从表3.3中不难看出，虽然不法分子有了独立的一级域名，但仍然会通过注册二级域名的方式来躲避封堵。不过这种利用.info域名进行疯狂挂马的行为在进入6月份以后也基本上处于销声匿迹的态势。

(3)恶意站点地区分布。据江民科技的监测数据表明，挂马站点的服务器大多位于国内。其中，1月份和2月份时广东省占据的比例位居各省市之首。同时，服务器位于上海市的恶意站点数量在2月份时也有所增加。3月份，上海市已位于各地区排名之首，浙江省则紧随其后。4,5月份，河南省的恶意网站数量有明显增加，上海市和广东省则处于较为明显的回落，不过浙江省依然占据着较大的比例。进入6月份以来，贵州省和浙江省则成为了恶意站点的主要聚集地。

就整体而言，浙江省的恶意站点数量在2010年上半年各月间均保持着较为平稳的数量和发展态势，由此可见该地区已然形成了一种稳定的挂马环境或者灰色产业生态链，因此尤为值得引起有关部门的重视。

(4)上半年监测到的被挂马站点。据江民科技的监测数据显示，2010年上半年一些地方政府网站以及一些具有较大知名度或者影响力的站点纷纷被挂马。其中，一些技术实力较强的站点在当天就会恢复正常,而一些技术实力较弱的站点则可能屡遭篡改,或者出现长达数月的持续性挂马,从而给这些站点的用户造成了长期的安全隐患。

表 3.3 部分用来挂马的恶意 info 域名

we[redacted]msx-1.info:6666
a1.[redacted]00today.info:171
r4.[redacted]00today.info:171
5e[redacted]201now.info:171
6[redacted].201s.info:171
a2.[redacted]00today.info:171
zxcd34[redacted]s4.23today.info:171
11.[redacted]00online.info:171
e[redacted].201s.info:171
ja.[redacted]01online.info:171
6[redacted].201s.info:171
[redacted]a3.sb110.info
[redacted]a7.sb110.info
16[redacted]58.202s.info:171
51[redacted]202shop.info:171
eee.[redacted]02online.info:171
sq41[redacted].201store.info:171
1h[redacted]202site.info:171
v[redacted].201s.info:171
we[redacted].mormi.info:6666
51[redacted]best200.info:171
51[redacted]best201.info:171
safe[redacted]7.best202.info:171
v5[redacted]free200.info:171
1[redacted]vpsvip.com:171
1a.[redacted]02store.info:171
e3[redacted]best200.info:171
[redacted]a15.sb110.info
[redacted]a16.sb110.info

被黑的政府类站点也是如此,虽然现在的政府站点挂马现象较 2008 年而言已有所减少,但整体形势依旧不容乐观,被挂马和被篡改的事件仍旧屡见不鲜。以"黄山区政府网"为例,该站点自 6 月 4 日被江民科技监测到存在挂马事件以来,时至今日其挂马页面仍旧可以访问。由此可见,一些地方政府虽然在电子政务方面进行着积极的尝试,但在后续的技术支持与维护方面并未齐头并进,由此便给不法分子们带来了许多可乘之机。不法分子在入侵政府站点之后,可利用政府站点较为优势的硬件资源进行搜索引擎优化、充当文件下载服务器甚至是充当攻击跳板等,不仅影响了政府站点发挥正常的社会功能,还可能对网络安全产生更大的威胁和破坏。

2010 年上半年监测到的被挂马站点和被黑政府网站(部分)见表 3.4。

4. 2010 年下半年及今后病毒疫情发展趋势的预测

2010 年下半年及今后,国内的病毒形势依旧不容乐观。从劫持 IE 首页的脚本病毒上就不难感受到,不法分子似乎已经到了一种穷凶极恶的地步。是什么让他们如此疯狂?可能还是应验了那句"人为财死,鸟为食亡"。对于非法经济利益的谋取,他们不曾停下脚步。纵观这些年来病毒的发展以及技术走向,我们不难看出,传统病毒所追求的技术炫耀已经越加淡化,取而代之则是越加明显的铜臭味。不法分子们无孔不入、无所不用,目的就是让更多的电脑用户成为受害者,进而为自己带来更多的经济收入。因此,我们有理由相信,不法分子们依旧会对技术加以持续的、深入的探索和应用，我们即将面临的是一个更加棘手和更加具有挑战性的局面。或许，不法分子越是疯狂，我们就越是能将信息安全做到极致，做到更好。

表 3.4 2010 年上半年监测到的被挂马站点和被黑政府网站

站点域名	网站名称
zt. hsq. gov. cn	黄山区人民政府
www. szgs. gov. cn	深圳国税
www. lyzs. gov. cn	山东省临沂市招商局
www. sanya. gov. cn	三亚政府网
www. hngqt. cn	海南共青团
nbbs. enet. com. cn	eNet 笔记本俱乐部
www. daphne. com. cn	达芙妮
ent. shangdu. com	商都娱乐
9istyle. com	新尚网
bbs. gz7c. com	贵州汽车网
niupan. com	牛盘网
jkwd. xywy. com	闻康网
bbs. xcdx169. net	西昌在线
gane. hsw. cn	华商网游戏频道
cnool. net	东方热线
www. sat-china. com	卫视传媒
www. lovep2p. com	PP 在线影院官网
xdca. cn	西电科大长安学院学生网上社区
lib. zjff. net	浙江纺织服装职业技术学院
www. snet. com. cn	中国航贸网
www. gangsisheng. net. cn	中国钢丝绳网
www. 56abc. cn	中国物流门户网站

3.2.11 2010 年最新杀毒软件排行及详细介绍

现在，来自特洛伊木马、隐藏的漏洞及蠕虫等巨大威胁已经使得杀毒软件成为一种必需。但是，这并不意味着用户必须为具备可能不想或不需要的功能的安全组套件付费。

单机版的杀毒软件重点仍然是拦截恶意软件，它很少具备其他的功能。例如，用户一般不会找到(或者支付)家长控制、系统设置、防火墙等其他功能选项。用户完全可以免费配置自己的应用程序套件，甚至还可以使用系统自带的杀毒软件和 Windows 内置防火墙。

不过，首先用户需要知道这些安全程序的具体性能。为了找到答案，国外 IT 网站 PC-

World 测试了来自美国、欧洲和日本等国的 10 款杀毒软件。在知名独立防毒实验室 AV-Test.org 的协助下，PCWorld 测试了这些产品对已知和新式恶意软件的检测率。PCWorld 还测试了这些杀毒软件的扫描速度、查杀性能，以及误报率。

测试排名如下：

1. G-Data Antivirus 2010

G-Data Antivirus 2010 排名杀毒软件测试的首位。无论是在基于签名的传统测试中，还是在没有完整签名情况下检测新式恶意软件的主动防御测试中，G-Data Antivirus 2010 的表现都是最好的。

然而，虽然 G-Data Antivirus 2010 的用户界面非常简洁，但它的界面比其他杀毒软件还是比较难以理解。因此，G-Data Antivirus 2010 可能最适合于专业用户使用。

2. Symantec Norton Antivirus 2010（诺顿）

排名第二的是赛门铁克的 Norton Anti-Virus 2010。Norton Anti-Virus 2010 非常易于普通用户使用。虽然它在主动防御方面不及 G-Data，但它在恶意软件拦截和移除方面表现良好。

Norton Anti-Virus 2010 额外提供了一些比较实用的工具，例如可以帮助用户确定下载源是否可信及安装的工具是否安全。虽然它仅仅是落后于 PCWorld 最为好评的 G-Data Antivirus 2010，但它还是非常适合对安全要求不是太高的电脑用户使用。

PCWorld 认为杀毒性能（或效力）凌驾于其他一切之上。毕竟，如果无法拦截恶意软件，再美观的杀毒软件也会不值一文。根据测试，PCWorld 发现几乎所有的杀毒软件都具备完全检测已签名恶意软件的能力。当面对超过 650 000 个特洛伊木马和间谍软件等其他病毒样本时，70％的杀毒软件病毒检测率超过 99％，而且没有一款杀毒软件的病毒检测率低于 94％。

Norton Anti-Virus 是一套强而有力的防毒软件，它可侦测上万种已知和未知的病毒，并且每当开机时，自动防护便会常驻在 SystemTray，当用户从磁盘、网络上、E-mail 夹档中开启档案时便会自动侦测档案的安全性，若档案内含病毒，便会立即警告，并作适当的处理。另外它还附有 LiveUpdate 的功能，可帮用户自动连上 Symantec 的 FTPServer 下载最新的病毒码，下载完后自动完成安装更新的动作。

3. Kaspersky Lab Anti-Virus 2010（卡巴斯基）

卡巴斯基杀毒软件来源于俄罗斯，查杀病毒性能远高于同类产品。

它提供了所有类型的抗病毒防护：抗病毒扫描仪、监控器、行为阻断、完全检验、E-mail 通路和防火墙。它支持几乎所有的普通操作系统。

卡巴斯基控制所有可能的病毒进入端口，它强大的功能和局部灵活性以及网络管理工具为自动信息搜索、中央安装和病毒防护控制提供最大的便利和最少的时间来建构抗病毒分离墙。卡巴斯基抗病毒软件有许多国际研究机构、中立测试实验室和 IT 出版机构的证书，确认了卡巴斯基具有汇集行业最高水准的突出品质。

Kaspersky Lab Anti-Virus 2010 的防御范围：

（1）蠕虫以及其他恶意软件，间谍软件和广告软件。

（2）Rootkits，bootkits 以及其他复杂威胁。

（3）通过键盘记录器，截屏恶意软件等的隐私盗窃行为。

(4)通过僵尸网络和非法方式来劫持用户的计算机。

(5)零日攻击,快速传播的新型威胁。

(6)网页挂马,网络攻击和黑客入侵。

新亮点和强化功能:

(1)卡巴斯基工具栏:在浏览器中嵌入卡巴斯基工具栏将过滤危险网站。

(2)基本的隐私数据保护:如虚拟键盘保护功能更强大。

(3)紧急检测系统:能够实时阻止快速传播的各种威胁。

(4)新一代的主动防御技术:可以更好地防御零日攻击和未知威胁。

(5)贴心设计的游戏模式:玩家玩游戏时程序将暂停更新、扫描等任务以避免打扰玩家。

4. Bit Defender Antivirus 2010

这是罗马尼亚出品的一款杀毒软件,具有功能强大的反病毒引擎以及互联网过滤技术,提供即时信息保护功能。它包括:

(1)永久的防病毒保护。

(2)后台扫描与网络防火墙。

(3)保密控制。

(4)自动快速升级模块。

(5)创建计划任务。

(6)病毒隔离区。

5. Panda Antivirus Pro 2010(熊猫卫士)

熊猫卫士,源自欧洲顶级杀病毒软件开发商 PandaSoftware 独一无二的理念及品质,功能先进的简单易用的防毒软件,完美阻挡来自 Internet 上各种威胁计算机安全的因素。

Panda Antivirus 2010 的新特性:

(1)增加新的安全预警机制。默认情况下会阻止用户登录已知的恶意站点,无论用户使用何种浏览器。

(2)加入新的 Rootkit 后门程序扫描功能,可以在 HTTP 站点载入前进行扫描,而且不会影响网络浏览。

(3)加强反钓鱼欺诈。

(4)检测用户名和密码安全性。

(5)支持扫描 Windows Mail 邮件。

(6)新增程序升级选项。

(7)优化任务栏图标动画。

(8)支持 Windows Vista 32/64 - bit,Windows XP 32/64 - bit,Windows 2000 Pro。

6. F - Secure Anti - Virus

F - Secure Anti - Virus 是来自芬兰的杀毒软件,集合 AVP,LIBRA,ORION,DRACO 四套杀毒引擎,其中一个就是 Kaspersky 的杀毒内核,而且青出于蓝胜于蓝,个人感觉杀毒效率比 Kaspersky 要好,对网络流行病毒尤其有效。在《PC Utilites》评测中超过 Kaspersky 名列第一。该软件采用分布式防火墙技术。鉴于普通用户用不到扩展病毒库,因此 f - secure 还是普通用户很不错的一个选择。但是这个软件也有不足,就是进程太多,近 15 个进程,不过安全程度自然也高多了。

7. Avira AntiVir Premium(小红伞)

小红伞是由来自德国著名的安全软件公司 H+BEDV 开发的，是其病毒防护软件 AntiVir 的个人免费版本。H+BEDV 是一个十分老牌的公司，它的安全产品领域覆盖了工作站、服务器、邮件站等各种网络大型终端。

Avira AntiVir Premium 可使用户免受到电脑病毒的侵害。它可以检测并清除超过 80 000 种病毒，支持在线更新。其特点如下：

(1)使用资源少。

(2)病毒定义档更新速度快。

(3)有免费的个人使用版本。

(4)防毒软件中评价优良。

(5)防范病毒、木马、蠕虫。

(6)防范恶意拨号程序和钓鱼式攻击。

(7)检测并删除 Rootkit。

(8)智能判别未知病毒(heuristic)。

具体功能如下：

(1)能准确检测和清除的病毒数超过 5 万种。

(2)在功能对比测试中各项指标位居前茅。

(3)实时病毒卫士能时刻监测各种文件操作。

(4)防护大型未知病毒。

(5)Internet 更新向导更加容易更新。

(6)防护未知根目录病毒和主引导记录病毒。

8. Trend Micro AntiVirus Plus AntiSpyware 2010

由著名的趋势科技公司出品的这款杀毒软件，能扫描已知或未知的病毒，并清除它们，保护用户的数据不受感染。内置个人防火墙，以及能够屏蔽垃圾邮件的垃圾邮件过滤器，具备一个可调整的安全级别、信任列表，还能够保护 PDA 上的重要信任。具有友好的界面和自维护功能。

9. Eset Nod32 Antivirus 4

它的特点在于只占极少系统资源，不会影响电脑速度，带给用户升级硬件般的感受。Eset Nod 32 扫描速度全球领先(40 MB/s 以上)，扫描系统时不必再漫长等待。Eset Nod 32 在全球共获得超过 100 个奖项，包括 Virus Bulletin，AV Comparative 2006 年度总冠军，PC Magazine，ICSA 认证，Checkmark 认证等，更加是全球唯一通过 48 次 VB 100%测试的防毒软件。

它的产品线很长，从 DOS，Windows 9x/Me，Windows NT/XP/2000，到 Novell Netware Server，Linux，BSD 等，都有提供。最近，ESET 还宣布正式支持 Microsoft Windows Server 2008 平台、Windows vista SP 1 和 Windows XP SP 3 系统。可以对邮件进行实时监测，占用内存资源较少，清除病毒的速度、效果都令人满意。

10. McAfee AntivirusPlus 2010

McAfee 是全球最畅销的杀毒软件之一，其 2010 版除了操作界面更新外，也将该公司的

WebScanX功能合在一起，增加了许多新功能，除了帮用户侦测和清除病毒，它还有VShield自动监视系统，会常驻在System Tray，当用户从磁盘、网络上、E-mail夹文件中开启文件时便会自动侦测文件的安全性，若文件内含病毒，便会立即警告，并作适当的处理，而且支持鼠标右键的快速选单功能，还可使用密码将个人的设定锁住让别人无法乱改。

McAfee的产品不光依靠启发式技术与病毒特征库来防御病毒，还依靠拥有强大监控功能的防护规则来保护电脑正常运行，在个人版中另外搭配了SiteAdvisor来过滤网络上的可疑、恶意网站，确保使用者的个人资料安全。

第4章 现代密码学

4.1 密码学的发展历程

密码学早在公元前400多年就已经产生了，正如《破译者》一书中所说："人类使用密码的历史几乎与使用文字的时间一样长"。密码学的起源的确要追溯到人类刚刚出现，并且尝试去学习如何通信的时候，为了确保他们的通信的机密，最先是有意识地使用一些简单的方法来加密信息，通过一些（密码）象形文字相互传达信息。接着由于文字的出现和使用，确保通信的机密性就成为一种艺术，古代发明了不少加密信息和传达信息的方法。例如我国古代的烽火就是一种传递军情的方法，再如古代的兵符就是用来传达信息的密令。就连闯荡江湖的侠士，都有秘密的黑道行话，更何况是那些不堪忍受压迫的义士在秘密起义前进行地下联络的暗语，这都促进了密码学的发展。

事实上，密码学真正成为科学是在19世纪末和20世纪初期，由于军事、数学、通信等相关技术的发展，特别是两次世界大战中对军事信息保密传递和破获敌方信息的需求，密码学得到了空前的发展，并广泛地用于军事情报部门的决策。例如在希特勒一上台时，德国就试验并使用了一种命名为"谜"的密码机，"谜"型机能产生220亿种不同的密钥组合，假如一个人日夜不停地工作，每分钟测试一种密钥的话，需要约4.2万年才能将所有可能的密钥组合试完，希特勒完全相信了这种密码机的安全性。然而，英国获知了"谜"型机的密码原理，完成了一部针对"谜"型机的绰号叫"炸弹"的密码破译机，每秒钟可处理2 000个字符，它几乎可以破译截获德国的所有情报。后来英国又研制出一种每秒钟可处理5 000个字符的"巨人"型密码破译机并投入使用，至此同盟国几乎掌握了德国纳粹的绝大多数军事秘密和机密，而德国军方却对此一无所知。太平洋战争中，美军成功破译了日本海军的密码机，读懂了日本舰队司令官山本五十六发给各指挥官的命令，在中途岛彻底击溃了日本海军，击毙了山本五十六，使太平洋战争发生了决定性转折。因此，密码学为战争的胜利立了大功。现在密码学不仅用于国家军事安全上，更多地用于人们的实际生活中，例如为了防止别人查阅自己的文件，可以将文件加密；为了防止窃取钱物，在银行账户上设置密码等。

4.2 密码学的基础知识

密码学（Cryptography）在希腊文中用Kruptos（hidden）＋graphein（to write）表达，现代准确的术语为"密码编制学"，简称"编密学"，与之相对的专门研究如何破解密码的学问称之为"密码分析学"。密码学是主要研究通信安全和保密的学科，包括两个分支：密码编码学和密码分析学。密码编码学主要研究对信息进行变换，以保护信息在传递过程中不被敌方窃取、解读和利用的方法，而密码分析学则与密码编码学相反，它主要研究如何分析和破译密码。这两者之间既相互对立又相互促进。密码的基本思想是对机密信息进行伪装的。一个密码系统完成如下伪装：加密者对需要进行伪装的机密信息（明文）进行变换（加密变换），得到另外一种看起来似乎与原有信息不相关的表示（密文），如果合法者（接收者）获得了伪装后的信息，那么他可以通过事先约定的密钥，从得到的信息中分析得到原有的机密信息（解密变换），而如果不合法的用户（密码分析者）试图从这种伪装后的信息中分析得到原有的机密信息，那么，要么这种分析过程根本是不可能的，要么代价过于巨大，以至于无法进行。

在计算机出现以前，密码学的算法主要是通过字符之间代替或易位实现的，称这些密码体制为古典密码。其中包括易位密码、代替密码（单表代替密码、多表代替密码等）。这些密码算法大都十分简单，现在已经很少在实际应用中使用了。由于密码学是涉及数学、通信、计算机等相关学科的知识，就我们现有的知识水平而言，只能初步研究古典密码学的基本原理和方法。但是对古典密码学的研究，对于理解、构造和分析现代实用的密码都是很有帮助的。

4.3　现代密码学的作用

现代密码学研究信息从发端到收端的安全传输和安全存储，是研究“知己知彼”的一门科学。其核心是密码编码学和密码分析学。前者致力于建立难以被敌方或对手攻破的安全密码体制，即“知己”；后者则力图破译敌方或对手已有的密码体制，即“知彼”。人类有记载的通信密码始于公元前 400 年。古希腊人是置换密码的发明者。1881 年世界上的第一个电话保密专利出现。电报、无线电的发明使密码学成为通信领域中不可回避的研究课题。

在第二次世界大战初期，德国军方启用“恩尼格玛”密码机，盟军对德军加密的信息有好几年一筹莫展，“恩尼格玛”密码机似乎是不可破的。但是经过盟军密码分析学家的不懈努力，“恩尼格玛”密码机被攻破，盟军掌握了德军的许多机密，而德国军方却对此一无所知。

太平洋战争中，美军破译了日本海军的密码机，读懂了日本舰队司令官山本五十六发给各指挥官的命令，在中途岛彻底击溃了日本海军，导致了太平洋战争的决定性转折，而且不久还击毙了山本五十六。相反轴心国中，只有德国在第二次世界大战的初期在密码破译方面取得过辉煌的战绩。因此，密码学在战争中起着非常重要的作用。

随着信息化和数字化社会的发展，人对信息安全和保密的重要性认识不断提高。如网络银行、电子购物、电子邮件等正在悄悄地融入普通百姓的日常生活中，人们自然要关注其安全性如何。1977 年，美国国家标准局公布实施了“美国数据加密标准（DES）”，军事部门垄断密码的局面被打破，民间力量开始全面介入密码学的研究和应用中。民用的加密产品在市场上已有大量出售，采用的加密算法有 DES，IDEA，RSA 等。

现有的密码体制种类繁多，但是它们都可以分为私钥密码体制（如 DES 密码）和公钥密码（如公开密钥密码）体制。前者的加密过程和脱密过程相同，而且所用的密钥也相同；后者，每个用户都有公钥和秘钥。

编码密码学主要致力于信息加密、信息认证、数字签名和密钥管理方面的研究。信息加密的目的在于将可读信息转变为无法识别的内容，使得截获这些信息的人无法阅读，同时信息的接收人能够验证接收到的信息是否被敌方篡改或替换过；数字签名就是信息的接收人能够确定接收到的信息是否确实是由所希望的发信人发出的；密钥管理是信息加密中最难的部分，因为信息加密的安全性在于密钥。历史上，各国军事情报机构在猎取别国的密钥管理方法上要比破译加密算法成功得多。

密码分析学与编码学的方法不同，它不依赖数学逻辑的不变真理，必须凭经验，充分发挥人的聪明才智，更具有挑战性。

现代密码学是一门迅速发展的应用科学。随着因特网的迅速普及，人们依靠它传送大量的信息，但是这些信息在网络上的传输都是公开的。因此，对于关系到个人利益的信息必须经过加密之后才可以在网上传送，这将离不开现代密码技术。

1976 年 Diffie 和 Hellman 在《密码新方向》中提出了著名的 D－H 密钥交换协议，标志着公钥密码体制的出现。Diffie 和 Hellman 第一次提出了不基于秘密信道的密钥分发，这就是 D－H 协议的重大意义所在。

PKI(Public Key Infrastructure)是一个用公钥概念与技术来实施和提供安全服务的具有普适性的安全基础设施。PKI 公钥基础设施的主要任务是在开放环境中为开放性业务提供数字签名服务。

4.4 现代密码学的算法研究

信息安全本身包括的范围很大，从安全性需求的角度来说涉及信息的保密性、完整性、可用性、认证性和不可否认性。其中，密码技术是保障信息安全的核心技术。密码学是一门充满挑战的交叉学科，有着悠久的历史。4 000 多年前就有埃及人运用简单的加密手段传递秘密信息的记录。在两次世界大战中，密码学更是扮演了举足轻重的角色。但是，早期密码技术的研究和应用多属于军队、外交和政府行为。20 世纪 60 年代计算机与通信系统的迅猛发展，促使人们开始考虑如何通过计算机和通信网络安全地完成各项事务，从而使得密码技术开始广泛应用于民间，也进一步促进了密码技术的迅猛发展。传统密码技术更多被看成是一门艺术，密码学专家常常是凭自己的直觉来进行密码算法的设计和分析。直到 1949 年 Shannon 发表《保密系统的通信理论》一文，文章从信息论的角度讨论了加密系统的安全性和设计准则，从此将密码学从艺术带入了系统科学的殿堂。20 世纪 70 年代，IBM 公司设计出数据加密标准(DES)分组密码算法，并在 1977 年被美国联邦政府采纳为联邦信息处理标准。几乎同时，Diffie 和 Hellman 提出了公钥密码学的思想。他们在《密码学的新方向》一文中解决了原有对称密码系统存在的密钥分配问题，并提出了数字签名的新思路。1978 年，Rivest，Shamir 和 Aldleman 设计出了第一个在实践中可用的公开密钥加密和签名方案——RSA，从而拉开了现代密码学的序幕。

4.4.1 对称加密算法

密码算法主要分为对称加密算法和非对称加密算法两大类。对称加密算法指加密密钥和解密密钥相同，或知道密钥之一很容易推导得到另一个密钥。通常情况下，对称密钥加密算法的加/解密速度非常快，因此，这类算法适用于大批量数据加密的场合。这类算法又分为分组密码和流密码两大类。

1. 分组密码

相对流密码算法来说，分组密码算法不需要存储生成的密钥序列，所以适用于存储空间有限的加密场合。此外，目前使用的分组密码算法的分析和设计过程都相对公开，通常伴随着大型的征集和公开评估活动。这样一来一方面增加了算法的透明度，防止攻击者隐藏陷门并使得用户充分相信算法的安全强度；另一方面极大促进了分组密码技术的飞速发展。

1973年5月13日美国联邦政府提出征求在传输和存储数据中保护计算机数据的密码算法的建议，这一举措最终促使了DES算法的研制。在公开征得的众多算法中，IBM公司提出的算法Lucifer中选。1975年3月17日，美国国家标准局(NBS)首次公布了此算法，请公众评议。1977年1月NBS正式向社会公布，采纳IBM公司设计的方案作为非机密数据的数据加密标准。DES正式成为美国联邦政府信息处理标准，即FIPS－46标准，同年7月15日开始生效。此后，每隔5年美国国家保密局(NSA)对DES作新的评估，并重新批准它是否继续作为联邦加密标准。1997年，美国标准技术研究所(NIST)对DES进行再次评测并宣布：DES算法的安全强度已经不足以保障联邦政府信息数据的安全性，所以NIST建议撤销相关标准，此后DES算法只作为三重数据加密标准(TDES)的一个组成部分使用。同时，NIST开始征集新的数据加密标准高级数据加密标准(AES)，并要求新算法的分组长度为128b，支持可变密钥长度128b，192b，256b。1998年，NIST在第一轮AES征集会议上公布了征集到15个算法，并且邀请全世界的密码研究机构对算法进行安全性等方面的评测。1999年，NIST从中选取了5个优良的算法作为AES的候选算法，它们分别是MARS，RC6，Rijndael，Serpent和Twofish，并通过最终的综合评价确定Rijndael算法为新的数据加密标准，2001年12月正式公布FIPS－197标准。欧洲于2000年1月启动了NESSIE工程，该工程的目的是评价出包含分组密码、流密码等在内的一系列安全、高效和灵活的密码算法。至2000年9月，共收集到了17个分组密码算法，同时他们将TDES和AES纳入了评估范围，并作为分组密码算法的评测基准。经过3年两个阶段的筛选，最终确定下列算法为推荐的分组密码算法：MISTY164，Camllia128，SHACAL－2和AES128。日本政府在2000年成立了密码研究与评估委员会(CRYPTREC)并参考欧洲NESSIE工程的做法对密码算法的安全性和效率等问题进行评估，以备政府使用。评估涵盖了对称密码算法、非对称密码算法、散列函数和随机数生成器4部分。2002年初步拟定了推荐算法的草案，2003年3月确定了推荐算法名单，其中分组密码算法包括：

(1)分组长度为64b的算法：CIPHERUNICORN－E，MISTY1[Ma00]和3－key TDES。

(2)分组长度为128b的算法：Camellia，CIPHERUNICORN－A，SC2000，Hierocrypt－3和Rijndael128。目前，分组密码的设计与分析依然是密码学研究的热点。设计方面主要是寻求更好的设计技术在安全性和效率方面突破AES算法。分析方面主要是可证明安全性理论研究、应用安全性研究及新的攻击方法挖掘。此外，利用分组密码技术设计新的流密码算法、新的Hash函数算法也是研究的热点。

2. 流密码

流密码(也叫序列密码)的理论基础是一次一密算法，它的主要原理是生成与明文信息流同样长度的随机密钥序列，使用该序列按位加密信息流，得到密文序列，解密变换是加密变换的逆过程。根据Shannon的研究，这样的算法可以达到完全保密的要求。但是，在现实生活中，生成完全随机的密钥序列是不可行的，因此只能生成一些类似随机的密钥序列，称之为伪随机序列。流密码内部存在记忆元件(存储器)来存储生成的密钥序列。根据加密器中记忆元件的存储状态是否依赖于输入的明文序列，又分为同步流密码算法和自同步流密码算法。流密码算法最初主要用于政府、军方等国家要害部门，因此，流密码不像分组密码那样有公开的国际标准，大多数设计、分析成果都是保密的。但是随着流密码的应用需求越来越广泛，从NESSIE工程开始，流密码算法的设计与分析也列上了公开征集评测的日程。2000年1月欧洲启动的NESSIE工程中，有6个流密码算法（Leviathan，UIi－128，BMGL，SOBER－t32，SNOW，SOBER－tl）进入了第二阶段评估，但是因为它们都不符合NESSIE的征集准则而最终全部落选。2003年3月，日本政府的密码研究与评估委员会（CRYPTREC）推荐了3个流密码算法：MUGI，MULTI－S01和RC4－128。ECRYPT是欧洲第6框架研究计划（FP6）下IST基金支持的一个为期4年的项目，该项目启动于2004年2月，分为AZTEC，PROVILAB，VAMPIRE，STVL和WAVILA 5个部分。2004年10月14—15日在比利时举行了一个名为SASC的特别会议，会议的讨论引发了流密码算法的征集活动，并于2004年11月发布了征集公告，这也是对NESSIE没有征集到流密码算法的一个补充。征集活动到2005年4月29日结束，根据4个征集原则，一共征集到了34个流密码算法。2007年4月开始进入第三轮评估，针对软件设计的候选算法有CryptMT（Version3），Dragon，Rabbit，HC（HC－128和HC－256），LEX（LEX－128，LEX－192和LEX－256），NLS（NLSv2加密），Salsa20和SOSEMANUK。针对硬设计的候选算法包括DECIM（DECIMv2和DECIM－128），F－FCSR（F－FCSR－Hv2和F－FCSR－16），Edon80，Grain（Grainv1和Grain－128），MICKEY（MICKEY2.0和MICKEY－1282.0），Moustique，Trivium和Pomaranch（Version3）。对流密码研究内容集中在如下两方面：

（1）衡量密钥流序列好坏的标准。通常，密钥序列的检验标准采用Golomb的3点随机性公设，除此之外，还需做进一步局部随机性检验，包括频率检验、序列检验、扑克检验、自相关检验和游程检验，以及反映序列不可预测性的复杂度测试等。但是，究竟什么样的序列可以作为安全可靠的密钥序列，还是一个未知的问题。

（2）构造线性复杂度高、周期大的密钥流序列。当前最常用的密钥序列产生器主要有基于线性反馈移位寄存器的前馈序列产生器、非线性组合序列产生器、钟控序列产生器、基于分组密码技术的密钥生成器等。

4.4.2 Hash函数

Hash函数（也称杂凑函数、散列函数）就是把任意长的输入消息串变化成固定长度的输出“0”“1”串的函数，输出“0”“1”串被称为该消息的Hash值（或杂凑值）。一个比较安全的Hash函数应该至少满足以下几个条件：

输出串长度至少为128b，以抵抗生日攻击。对每一个给定的输入，计算Hash值很容易（Hash算法的运行效率通常都很高）。

对给定的Hash函数，已知Hash值，得到相应的输入消息串（求逆）是计算上不可行的。

对给定的Hash函数和一个随机选择的消息，找到另一个与该消息不同的消息使得它们Hash值相同（第二原像攻击）是计算上不可行的。

对给定的Hash函数，找到两个不同的输入消息串使得它们的Hash值相同（即碰撞攻击）实际计算上是不可行的。

Hash函数主要用于消息认证算法构造、口令保护、比特承诺协议、随机数生成和数字签名算法中。

Hash 函数算法有很多，最著名的主要有 MD 系列和 SHA 系列，一直以来，对于这些算法的安全性分析没有很大突破，这给了人们足够的信心相信它们是足够安全的，并被广泛应用于网络通信协议当中。直到 2004 年，中国密码学家王小云教授和她的团队将 MD4 的碰撞攻击复杂度时间降到手工可计算，并将寻找 MD5 算法实际碰撞的复杂度和 SHA－1 算法碰撞的理论复杂度分别降为 239 和 263。她们的出色工作，颠覆了这座坚固的大厦，也迫使众多密码学家重新评价目前 Hash 算法的安全强度，同时思考新的 Hash 函数算法设计方法。

NESSIE 工程推荐使用的 Hash 算法有 SHA－256/384/512 和 Whirlpool，日本密码研究与评估委员会推荐使用的算法有 SHA－1/256/384/512，RIPEMD－160。ECRYPT 也在 Hash 算法研究方面举办了一系列活动。此外，NIST 研究所将于 2008 年启动新的 Hash 标准的征集活动。

4.4.3　基于 CA 的公钥密码

公钥密码算法设计的关键是存在多项式时间内不可解的困难问题。最早的也是目前使用最广泛的公钥加密和签名方案是 RSA 算法，该算法的安全性基于大整数分解问题。Diffie 和 Hellman 提出的 DH 密钥交换方案以及后来的数字签名标准(DSS)和 ElGamal 加密算法多基于同离散对数问题相关的困难问题。此外，在基于离散对数问题的密码算法中有一类特殊的算法——椭圆曲线和超椭圆曲线密码学(ECC)。这类算法的优点是参数长度较短，可以达到较高的安全性，因此，非常适合在智能卡等存储空间有限的密码设备上使用。在 NESSIE 工程中共推荐了 3 个数字签名算法：ECDSA，RSA－PSS，SFLASH。2003 年 3 月，日本政府的密码研究与评估委员会推荐了两个公钥加密算法(RSAES－PKCS1－v15，RAS－OAEP)和 4 个数字签名算法(ECDSA，RSASSA－PKCS1－v15，DSA，RSA－PSS)。历经 20 多年的分析研究，密码学家依然没有彻底攻破基于整数分解和基于离散对数的经典算法，从而增强了人们对于这些算法的信心，但是这并不意味着公钥加密和签名算法的研究可以停滞不前了。首先，虽然在原始计算模型的假设下，目前为止最有效的分解因子解法和离散对数解法都是亚指数时间。但是离散对数问题和分解因子问题始终没有被证明是多项式时间内不可解(NP)问题。其次，即使证明它们是 NP 问题，也不能确保相应的密码算法是安全的，例如基于背包问题设计的密码算法几乎全军覆没。最后，在量子计算机问世后，这两类问题将存在多项式时间解法。所以，密码学家一直在探寻新的、可以用于设计公钥密码算法的困难问题。目前研究比较广泛的算法主要有如下几种：基于编码问题的公钥密码算法(McEliece，1978)、基于格问题的密码算法(NTRU，1996)、多变量密码系统(Multivariate PKC，1999)以及基于无限群理论的密码算法(辫子群，2000)等。

4.4.4　基于身份的公钥密码

基于身份的密码学是由 Shamir 于 1984 年提出的。其主要思想是，系统中可以直接使用用户的标识，如姓名、IP 地址、电子邮件地址等作为用户的公钥。用户的私钥通过一个被称作私钥生成器(PKG)的可信任第三方计算分发给用户。Shamir 在提出这一思想的同时设计了一个基于身份的数字签名方案。然而，直到 2001 年，Boneh 等人利用椭圆曲线的双线性对才得到一个真正有效的基于身份的加密体制(IBE)。目前，基于身份的方案(包括基于身份的加密算法、签名算法以及各种协议)不断涌现出来。现阶段，基于对的运算效率问题是亟须解决的问题,也是现在研究的热门问题。

4.4.5 密码协议

所谓协议,就是两个或者两个以上的参与者为完成某项特定的任务而采取的一系列步骤。密码协议的参与者可能是可以信任的人,也可能是攻击者。在网络通信中最常用的基本的密码协议按照其完成的功能可以分成以下3类:

1. 密钥交换协议

参与协议的两个或者多个实体之间建立共享的秘密,例如在一次通信中所使用的会话密钥。协议可以采用对称密码体制,也可以采用非对称密码体制,例如 Diffie - Hellman 密钥交换协议。日本政府的密码研究与评估委员会推荐了3个密钥交换协议(DH,ECDH,PSEC - KEM)。

2. 认证协议

认证协议中包括实体认证(身份认证)协议、消息认证协议、数据源认证和数据目的认证协议等,用来防止假冒、篡改、否认等攻击。NESSIE 工程中推荐了一个由法国的 Ecole Normal Superieure 大学和电信公司提交的鉴别方案 GPS。

3. 解决特殊问题的安全协议

解决特殊问题的安全协议有电子选举协议、电子钱币协议、安全多方计算协议等。ECRYPT 的 PROVI 实验室在密码协议研究方面又划分了3个研究小组:模型和定义小组,主要负责认证、密钥协商、零知识和身份认证的研究;安全计算小组,主要负责高效的多方计算协议、实用协议的可证明安全性和安全协议的无条件安全性研究;合理密码协议小组,主要负责密码协议模型的定义和合理参与者的多方计算问题研究。ECRYPT 于 2007 年 3 月和 7 月分别举办了相关的主题研讨会。密码协议是许多分布式系统安全的基础,因此,对协议的安全性进行分析和研究是一个重要的课题。造成协议存在安全缺陷的原因主要有两个:一是协议设计者误解或者采用了不恰当的技术,二是协议设计者对环境的安全需求研究不足。目前,对密码协议进行分析的方法主要有两大类:一类是攻击检验方法,一类是形式化的分析方法。所谓攻击检验方法就是使用目前对协议有效的攻击方法,逐一对安全协议进行攻击,检验安全协议是否具有抵抗这些攻击的能力。这种分析方法是否奏效关键在于攻击方法的选择。形式化的分析方法是采用各种语言或者模型,为协议建立模型,并按照规定的假设和分析、验证方法证明协议的安全性。目前,形式化的分析方法是研究的热点,但是就其实用性来说,还没有什么突破性的进展。

4.5 密码学的前景

在实际应用中不仅需要算法本身在数学证明上是安全的,同时也需要算法在实际应用中也是安全的。因此,在密码分析和攻击手段不断进步,计算机运算速度不断提高以及密码应用需求不断增长的情况下,迫切需要发展密码理论和创新密码算法,在最近研究中,对密码学的发展提出了更多的新技术与新的研究方向。

1. 在线/离线密码学

非对称密码的执行效率不能很好地满足速度的需要。针对效率问题,在线/离线的概念被提出。其主要观点是将一个密码体制分成两个阶段:在线执行阶段和离线执行阶段。在离线执行阶段,一些耗时较多的计算可以预先被执行。在在线阶段,一些低计算量的工作被执行。

2. 圆锥曲线密码学

圆锥曲线密码学是1998年由C. Schnorr首次提出的,他认为,除椭圆曲线密码以外这是人们最感兴趣的密码算法。在圆锥曲线群上的各项计算比椭圆曲线群上的更简单,一个令人激动的特征是在其上的编码和解码都很容易被执行。同时,还可以建立模 n 的圆锥曲线群,构造等价于大整数分解的密码。

3. 代理密码学

代理密码学包括代理签名和代理密码系统。两者都提供代理功能,另外分别提供代理签名和代理解密功能。

4. 密钥托管问题

在密钥托管系统中,法律强制访问域LEAF(Law Enforcement Access Field)是被通信加密和存储的额外信息块,用来保证合法政府实体或被授权第三方获得通信的明文消息。对于一个典型的密钥托管系统,LEAF可以通过获得通信的解密密钥来构造。为了更合理,可以将密钥分成一些密钥碎片,用不同的密钥托管代理的公钥加密密钥碎片,再将加密的密钥碎片通过门限化的方法合成,以此来解决“一次监控,永远监控”和“用户密钥完全地依赖于可信任托管机构”的问题。

5. 基于身份的密码学

基于身份的密码学是由Shamir于1984年提出的。主要观点是,系统中不需要证书,可以使用用户的标识如姓名、电子邮件地址等作为公钥。用户的私钥通过一个被称作私钥生成器PKG(Private Key Generator)的可信任第三方进行计算得到。目前,基于身份的方案包括基于身份的加密体制、可鉴别身份的加密和签密体制、签名体制、密钥协商体制、鉴别体制、门限密码体制、层次密码体制等。

6. 多方密钥协商问题

当前已有的密钥协商协议包括双方密钥协商协议、双方非交互式的静态密钥协商协议、双方一轮密钥协商协议、双方可验证身份的密钥协商协议以及三方相对应类型的协议。如何设计多方密钥协商协议?存在多元线性函数(双线性对的推广)吗?如果存在,我们能够构造基于多元线性函数的一轮多方密钥协商协议。而且,这种函数如果存在的话,一定会有更多的密码学应用。然而,直到现在,在密码学中,这个问题还远远没有得到解决。

7. 可证安全性密码学

当前,在现有公钥密码学中,有两种被广泛接受的安全性的定义,即语义安全性和非延展安全性。语义安全性,也称作不可区分安全性IND(Indistinguishability),首先由Goldwasser和Micali在1984年提出,是指从给定的密文中,攻击者没有能力得到关于明文的任何信息。非延展安全性NM(Non-malleability)是由Dolev,Dwork和Naor在1991年提出的,指攻击者不能从给定的密文中,建立和密文所对应的与明文意义相关的明文的密文。在大多数令人感兴趣的研究问题上,不可区分安全性和非延展安全性是等价的。

对于公钥加密和数字签名等方案,可以建立相应的安全模型。在相应的安全模型下,定义各种所需的安全特性。对于模型的安全性,目前可用的最好的证明方法是随机预言模型ROM(Random Oracle Model)。在最近几年,可证明安全性作为一个热点被广泛地研究,就像其名字所言，它可以证明密码算法设计的有效性。现在，所有出现的标准算法，如果它们能被一些可证明安全性的参数形式所支持，就被人们广泛地接受。就如我们所知道的，一个安全的密码算法最终要依赖于 NP 问题，真正的安全性证明还远远不能达到。然而，各种安全模型和假设能够让我们来解释所提出的新方案的安全性，按照相关的数学结果，确认基本的设计是没有错误的。

随机预言模型是由 Bellare 和 Rogaway 于 1993 年从 Fiat 和 Shamir 的建议中提出的，它是一种非标准化的计算模型。在这个模型中，任何具体的对象例如哈希函数，都被当作随机对象。它允许人们规约参数到相应的计算，哈希函数被作为一个预言返回值，对每一个新的查询，将得到一个随机的应答。规约使用一个对手作为一个程序的子例程，但是，这个子例程又和数学假设相矛盾，例如 RSA 是单向算法的假设。概率理论和技术在随机预言模型中被广泛使用。

然而，随机预言模型证明的有效性是有争议的。因为哈希函数是确定的，不能总是返回随机的应答。1998 年，Canetti 等人给出了一个在 ROM 模型下证明是安全的数字签名体制，但在一个随机预言模型的实例下，它是不安全的。

尽管如此，随机预言模型对于分析许多加密和数字签名方案还是很有用的。在一定程度上，它能够保证一个方案是没有缺陷的。

第 5 章 常规加密技术与应用

5.1 数据加密标准 DES

1. 发明人

美国 IBM 公司的 W. Tuchman 和 C. Meyer,1971—1972 年研制成功。

2. 基础

1967 年美国人 Horst Feistel 提出的理论。

3. 产生

美国国家标准局(NBS)1973 年 5 月到 1974 年 8 月两次发布通告,公开征求用于电子计算机的加密算法。经评选从一大批算法中采纳了 IBM 的 LUCIFER 方案。

4. 标准化

DES 算法 1975 年 3 月公开发表,1977 年 1 月 15 日由美国国家标准局颁布为数据加密标准(Data Encryption Standard),于 1977 年 7 月 15 日生效。

美国国家安全局(National Security Agency,NSA)参与了美国国家标准局制定数据加密标准的过程。NBS 接受了 NSA 的某些建议,对算法做了修改,并将密钥长度从 LUCIFER 方案中的 128 位压缩到 56 位。

1979 年,美国银行协会批准使用 DES。

1980 年,DES 成为美国标准化协会(ANSI)标准。

1984 年 2 月,ISO 成立的数据加密技术委员会(SC20)在 DES 基础上制定数据加密的国际标准工作。

5. 分组加密算法

明文和密文为 64 位分组长度。

6. 对称算法

加密和解密除密钥编排不同外,使用同一算法。对称加密算法如图 5.1 所示。

7. 特点

(1)密钥长度为 56 位,但每个第 8 位为奇偶校验位,可忽略。

(2)密钥可为任意的 56 位数,但存在弱密钥,容易避开。

(3)采用混乱和扩散的组合,每个组合先替代后置换,共 16 轮。

(4)只使用了标准的算术和逻辑运算,易于实现。

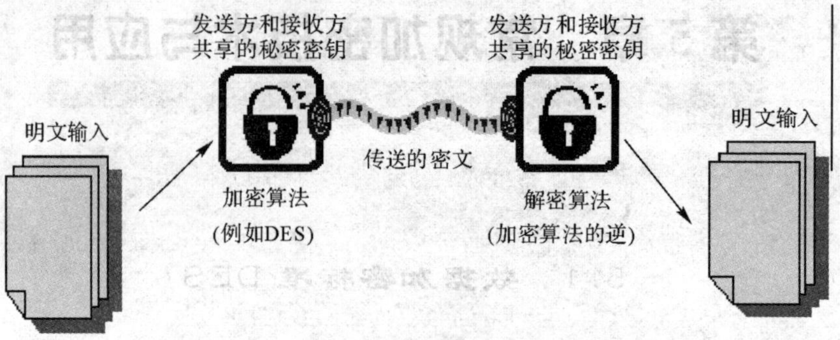

图 5.1　对称加密算法示意图

5.2　DES 加密过程

DES 加密过程由六部分组成，分别是：输入 64 位明文数据、初始置换 IP、在密钥控制下 16 轮迭代、交换左右 32 位、初始逆置换 IP^{-1}、输出 64 位密文数据。

加密过程如图 5.2 所示。

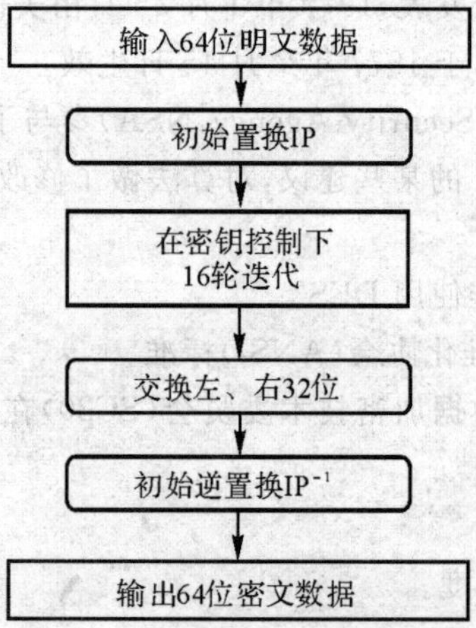

图 5.2　DES 加密过程

其中，16 轮迭代过程如图 5.3 所示。

DES 加密算法的一般描述：

令 i 表示迭代次数，⊕表示逐位模 2 求和，f 为加密函数

$L_0R_0 \leftarrow IP(<64\text{位输入码}>)$

$L_i \leftarrow R_{i-1}$　　　　$i=1,2,\cdots,16$

$R_i \leftarrow L_{i-1}$　　　　$i=1,2,\cdots,16$

$<64\text{位密文}> \leftarrow IP^{-1}(R_{16}L_{16})$

令 i 表示迭代次数，⊕表示逐位模 2 求和，f 为加密函数。

$R_{16}L_{16} \leftarrow IP$(64 位密文)

$R_{i-1} \leftarrow L_i$　　　　　　　$i=16,15,\cdots,1$

$L_i \leftarrow R_{i-1} \oplus f(R_{i-1},K_i)$　　　　　$i=16,15,\cdots,1$

<64 位文明>$\leftarrow IP^{-1}(R_0L_0)$

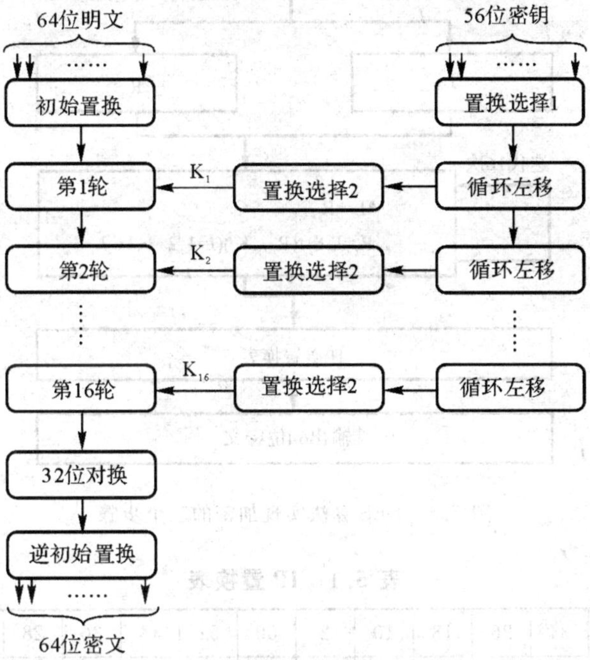

图 5.3　DES 16 轮迭代过程

DES 算法实现加密需要三个步骤：

第一步：变换明文。对给定的 64 位的明文 x，首先通过一个置换 IP 表来重新排列 x，从而构造出 64 位的 x_0，$x_0=IP(x)=L_0R_0$，其中 L_0 表示 x_0 的前 32 位，R_0 表示 x_0 的后 32 位。

第二步：按照规则迭代。规则为

$L_i=R_{i-1}$

$R_i=L_i \oplus f(R_{i-1},K_i)$　$(i=1,2,3,\cdots,16)$

经过第一步变换已经得到 L_0 和 R_0 的值，其中符号⊕表示的数学运算是异或，f 表示一种置换，由 S 盒置换构成，K_i 是一些由密钥编排函数产生的位块。f 和 K_i 将在后面介绍。

第三步：对 $L_{16}R_{16}$ 利用 IP^{-1} 作逆置换，就得到了密文 y。加密过程如图 5.4 所示。

从图 5.4 中可以看出，DES 加密需要四个关键点：①IP 置换表和 IP^{-1} 置换表。②函数 f。③子密钥 K_i。④S 盒的工作原理。

1. IP 置换表

输入的 64 位数据按 IP 置换表进行重新组合，并把输出分为 L_0，R_0 两部分，每部分各长 32 位，其置换 IP 见表 5.1。

将输入 64 位位的第 58 位换到第 1 位，第 50 位换到第 2 位，依此类推，最后一位是原来的第 7 位。L0，R0 则是换位输出后的两部分，L_0 是输出的左 32 位，R_0 是右 32 位。比如：置换前的输入值为 $D_1D_2D_3\cdots D_{64}$，则经过初始置换后的结果为：$L_0=D_{58}D_{50}\cdots D_8$，$R_0=D_{57}D_{49}\cdots D_7$。

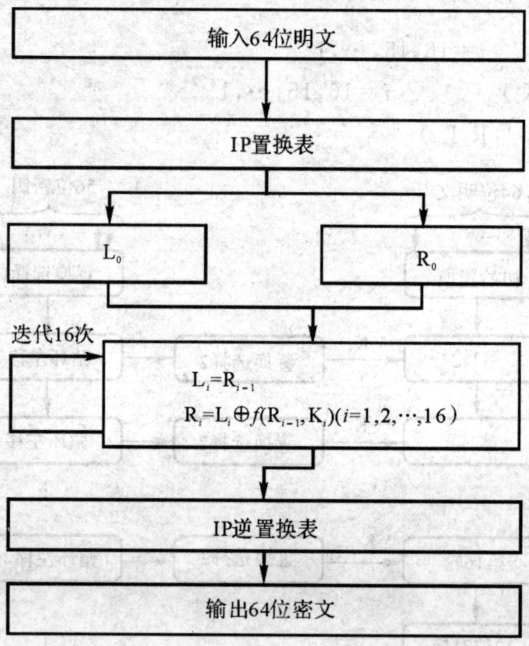

图 5.4　DES 算法实现加密的三个步骤

表 5.1　IP 置换表

58	50	12	34	26	18	10	2	60	52	44	36	28	20	12	4
62	54	46	38	30	22	14	6	64	56	48	40	32	24	16	8
57	49	41	33	25	17	9	1	59	51	43	35	27	19	11	3
61	53	45	37	29	21	13	5	63	55	47	39	31	23	15	7

2. IP^{-1}置换表

经过 16 次迭代运算后。得到 L_{16}，R_{16}，将此作为输入，进行逆置换，即得到密文输出。逆置换正好是初始置的逆运算，例如，第 1 位经过初始置换后，处于第 40 位，而通过逆置换 IP^{-1}，又将第 40 位换回到第 1 位，其 IP^{-1}置换表见表 5.2。

表 5.2　IP^{-1}置换表

40	8	48	16	56	24	64	32	39	7	47	15	55	23	63	31
38	6	46	14	54	22	62	30	37	5	45	13	53	21	61	29
36	4	44	12	52	20	60	28	35	3	43	11	51	19	59	27
34	2	42	10	50	18	58	26	33	1	41	9	49	17	57	25

函数 f 有两个输入：32 位的 R_{i-1}和 48 位的 K_i，f 函数的处理流程如图 5.5 所示。

E 变换的算法是从 R_{i-1}的 32 位中选取某些位，构成 48 位，即 E 变换将 32 位扩展变换为 48 位，变换规则根据 E 位选择表，见表 5.3。

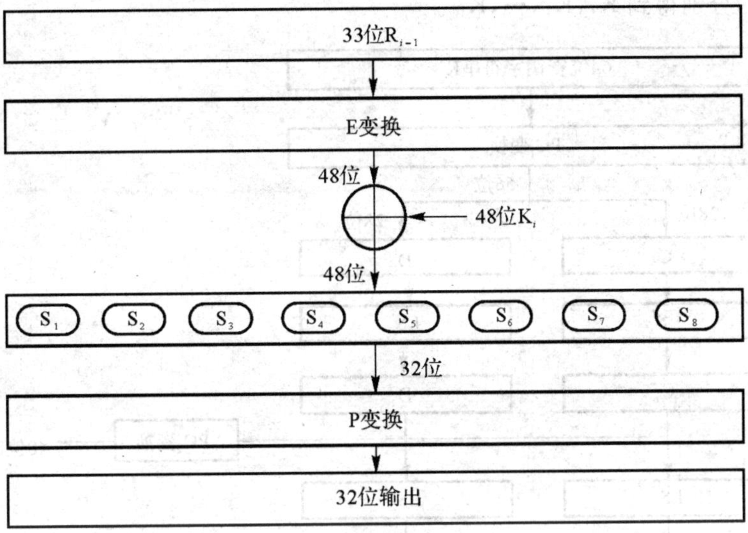

图 5.5　f 函数的处理流程

表 5.3　E 位选择变换规则

32	1	2	3	4	5	4	5	6	7	8	9	8	9	10	11
12	13	12	13	14	15	16	17	16	17	18	19	20	21	20	21
22	23	24	25	24	25	26	27	28	29	28	29	30	31	32	1

K_i 是由密钥产生的 48 位比特串，具体的算法下面介绍。将 E 的选位结果与 K_i 作异或操作，得到一个 48 位输出。分成 8 组，每组 6 位，作为 8 个 S 盒的输入。

每个 S 盒输出 4 位，共 32 位，S 盒的工作原理将在第第四步介绍。S 盒的输出作为 P 变换的输入，P 的功能是对输入进行置换，P 换位表见表 5.4。

表 5.4　P 换位表

16	7	20	21	29	12	28	17	1	15	23	26	5	18	31	10
2	8	24	14	32	27	3	9	19	13	30	6	22	11	4	25

3. 子密钥 K_i

假设密钥为 K，长度为 64 位，但是其中第 8，16，24，32，40，48，64 位用作奇偶校验位，实际上密钥长度为 56 位。K 的下标 i 的取值范围是 1～16，用 16 轮来构造。构造过程如图 5.6所示。

首先，对于给定的密钥 K，应用 PC_1 变换进行选位，选定后的结果是 56 位，设其前 28 位为 C_0，后 28 位为 D_0。PC_1 选位见表 5.5。

第一轮：对 C0 作左移 LS_1 得到 C_1，对 D_0 作左移 LS_1 得到 D_1，对 C_1D_1 应用 PC_2 进行选位，得到 K_1。其中 LS_1 是左移的位数，见表 5.6。

第二轮：对 C_1，D_1 作左移 LS_2 得到 C_2 和 D_2，进一步对 C_2D_2 应用 PC_2 进行选位，得到

K_2。如此继续，分别得到 $K_3, K_4, \cdots, K_{16}$。

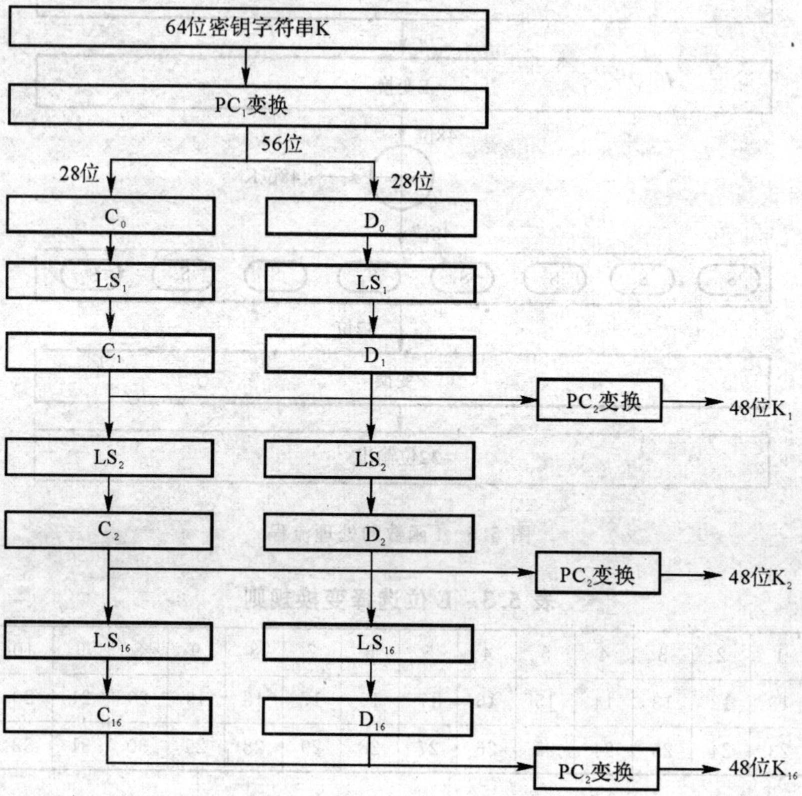

图 5.6 子密钥 K_i16 轮构造图

表 5.5 PC_1 变换进行选位表

57	49	41	33	25	17	9	1	58	50	42	34	26	18
10	2	59	51	43	35	27	19	11	3	60	52	44	36
63	55	47	39	31	23	15	7	62	54	46	38	30	22
14	6	61	53	45	37	29	21	13	5	28	20	12	4

表 5.6 第一轮左移位数表

1	1	2	2	2	2	2	2	1	2	2	2	2	2	2	1

表 5.6 中的第一列是 LS_1，第二列是 LS_2，以此类推。左移的原理是所有二进位向左移动，原来最右边的比特位移动到最左边。其中 PC_2 见表 5.7。

4. S 盒的工作原理

S 盒以 6 位作为输入，而以 4 位作为输出，现在以 S_1 为例说明其过程。假设输入为 $A = a_1a_2a_3a_4a_5a_6$，则 $a_2a_3a_4a_5$ 所代表的数是 0 到 15 之间的一个数，记为：$k = a_2a_3a_4a_5$；由 a_1a_6 所代表的数是 0～3 间的一个数，记为 $h = a_1a_6$。在 S_1 的 h 行、k 列找到一个数 B，B 在 0～15 之间，

它可以用 4 位二进制表示，为 $B=b_1b_2b_3b_4$，这就是 S_1 的输出。

表 5.7　PC_2

14	17	11	24	1	5	3	28	15	6	21	10
23	19	12	4	26	8	16	7	27	20	13	2
41	52	31	37	47	55	30	40	51	45	33	48
44	49	39	56	34	53	46	42	50	36	29	32

DES 算法的解密过程是一样的，区别仅仅在于第一次迭代时用子密钥 K_{15}，第二次用 K_{14}……最后一次用 K_0，算法本身并没有任何变化。DES 的算法是对称的，既可用于加密又可用于解密。

5.3　DES 的工作模式

DES 工作模式分为四种：电子密码本 ECB（Electronic Code Book）、密码分组链接 CBC（Cipher Block Chaining）、密码反馈 CFB（Cipher Feed Back）和输出反馈 OFB（Output Feed Back）。

5.3.1　电子密码本 ECB

电子密码本是分组密码应用的最基本形式，其工作原理如图 5.7 所示。如果必需要对最后一个分组进行填充，将明文 P 划分为长度为 w 位的明文分组（$P_1,P_2,\cdots,P_n$），每个明文分组使用同一个密钥 K 进行加密处理。每个 w 位明文分组与 w 位密文分组一一对应。

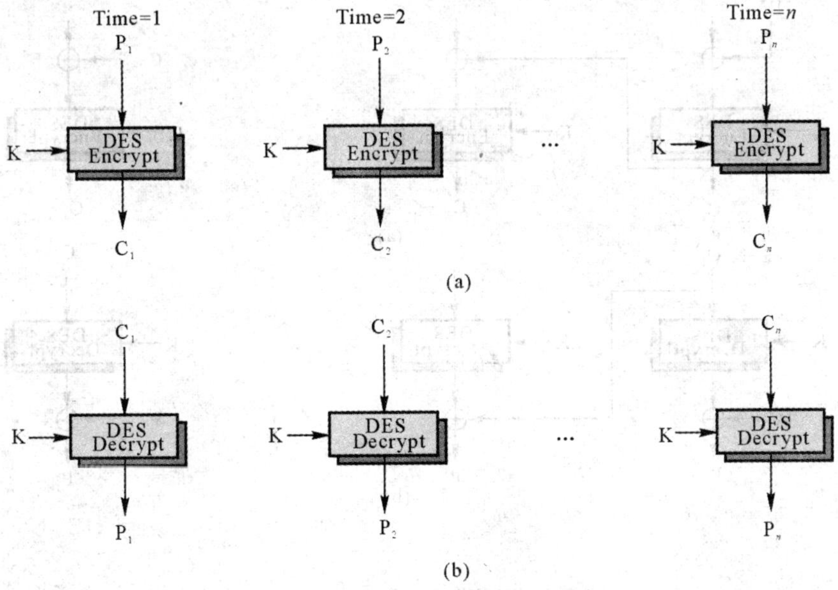

图 5.7　电子密码本 ECB 工作原理

(a) 加密；(b) 解密

$$C_i = E_k(P_i) \Leftrightarrow P_i = D_K(C_i)$$

其中，$P_i(i=1,2,\cdots,n)$表示长度为 w 位的明文分组，$E_K()$表示用密钥 K 进行加密，C_i 表示加密后的密文，$D_K()$表示用密钥 K 进行解密。

ECB 的特点：

(1)相同的明文分组必然产生相同的密文分组。对于传输大量信息(尤其是结构化程度较高的信息)，电子密码本模式的安全性并不是太好。

(2)由于电子密码本模式下明文的加密过程与密文无关，所以，可以对明文分组进行并行加密处理，以获得很高的加密速度。

5.3.2 密码分组链接 CBC

密码分组链接模式同电子密码本模式一样将明文进行分组和填充。每个明文分组使用同样的密钥 K 进行加密处理。

加密处理时，明文分组与上一次输出的密文分组进行按位二进制异或操作后，再利用基本分组加密算法进行加密。注意：在对第一个明文分组进行处理时，还没有密文分组可以利用，此时，引入一个初始向量 IV 与第一个明文分组进行异或。IV 必须为发送方和接收方共享，并且应该和密钥一样受到保护。

解密处理时，每个密文分组经过基本解密算法解密，然后将此结果与前一个密文分组按位异或以产生明文分组。

$$C_i = E_K(P_i \oplus C_{i-1}) \Leftrightarrow P_i = D_K(C_i) \oplus C_{i-1}$$

密码分组链接 CBC 的工作原理如图 5.8 所示。

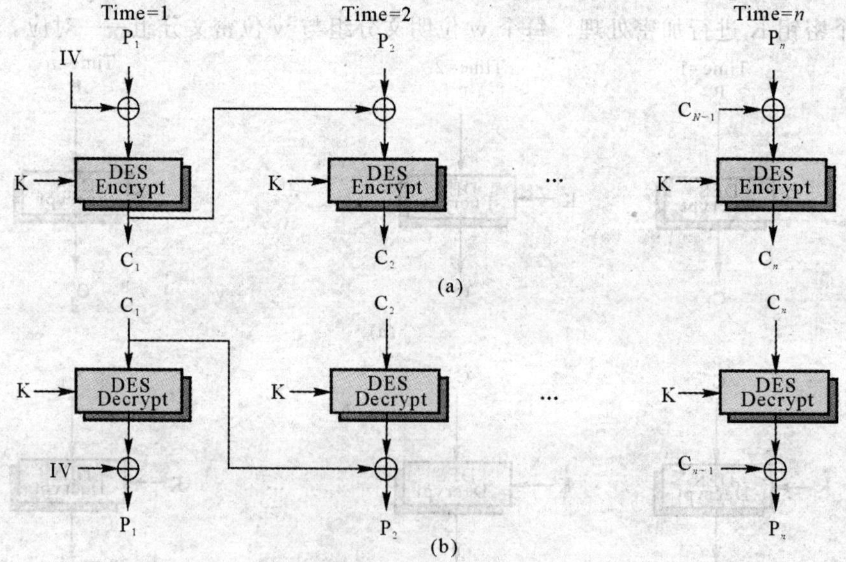

图 5.8 密码分组链接 CBC 工作原理

密码分组链接 CBC 的特点：密码分组链接模式通过将明文分组与前一个密文分组异或，

实现了明文模式的隐藏，使得当同一个明文分组重复出现时能够产生不同的密文分组。密码分组链接模式可以用于大量信息和高结构化信息的加密传输。无法对明文进行并行加密，但可以进行并行解密。

5.3.3　密码反馈 CFB

上述两种模式要求在对明文分组时进行填充，这样势必增加加密和传输的开销，这种开销在对大量短小信息进行加密的情况下，尤为明显。密码反馈模式将分组密码转化为序列密码。序列密码不要求信息被填充成整数个分组。密码反馈模式实际上是利用基本分组加密模块来产生密钥流。

加密操作：每次处理 h 位，h 位明文与 h 位伪随机密钥异或后，生成 h 位密文。将密文移入移位寄存器的低 h 位。伪随机密钥由基本分组密码模块对移位寄存器的内容加密后选取高端的 h 位而形成。

注意：解密的一方在使用基本分组密码模块时，采用的也是加密操作。

密码反馈 CFB 的工作原理如图 5.9 所示。

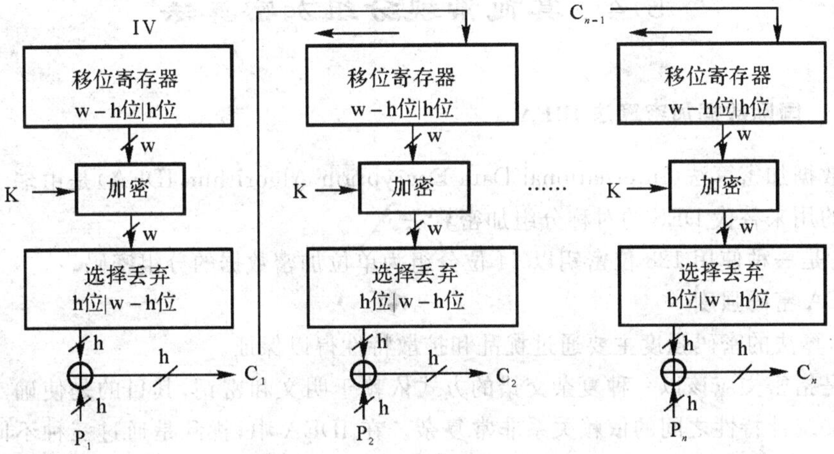

图 5.9　密码反馈 CFB 工作原理

5.3.4　输出反馈 OFB

输出反馈模式与密码反馈模式在结构上很接近，不同的是反馈到移位寄存器的不是密文，而是选择函数的输出。输出反馈模式优于密码反馈模式的是传输中的位出错只会影响一次解密，而不会传播。输出反馈 OFB 的工作原理如图 5.10 所示。

输出反馈模式的优点：传输中的位差错不会传播。

输出反馈模式的缺点：比密码反馈模式更容易受到报文流篡改攻击。

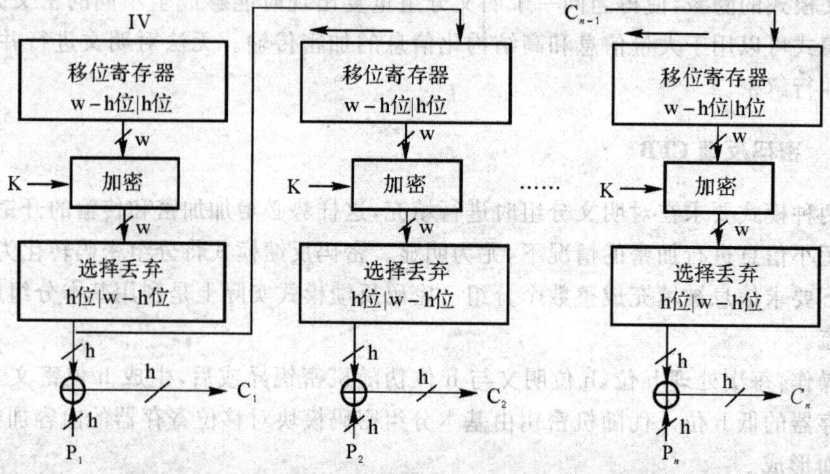

图 5.10　输出反馈 OFB 工作原理

5.4　其他常规分组加密算法

5.4.1　国际数据加密算法 IDEA

国际数据加密算法(International Data Encryption Algorithm，IDEA)是由瑞士联邦理工学院开发的用来替代 DES 的对称分组加密算法。

IDEA 是一种使用 128 位密钥以 64 位分组为单位加密数据的分组密码。

1. IDEA 密码强度

IDEA 算法的密码强度主要通过扰乱和扩散特性得以保证。

扰乱是指密文应该以一种复杂交错的方式依赖于明文和密钥，其目的是使确定密文统计特性与明文统计特性之间的依赖关系非常复杂。在 IDEA 中，扰乱是通过三种不同的运算实现的，每一种运算作用于两个 16 位的输入并产生一个 16 位的输出。

扩散扩散是指每个明文比特都影响每个密文比特，并且每个密钥比特都影响每个密文比特，单个明文比特扩散到许多密文比特就隐藏了明文的统计特性。在 IDEA 中，扩散由被称为乘积/相加(MA)结构(见图 5.11)的算法基本构建提供。该结构以两个从明文得到的 16 位数值和两个从密钥导出的子密钥作为输入，并产生两个 16 位的输出。该结构在算法中重复使用 8 次，取得了非常有效的扩散效果。

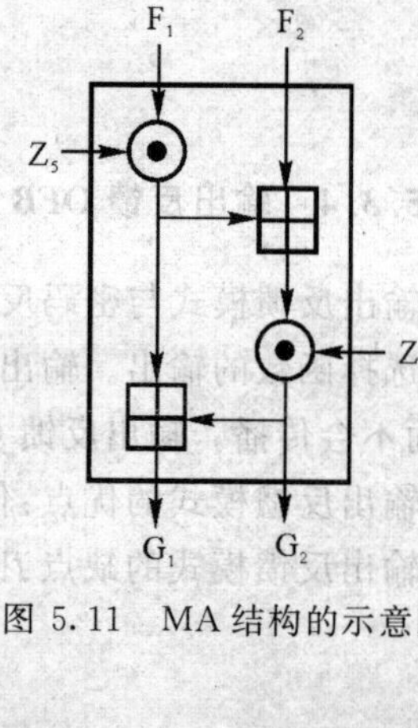

图 5.11　MA 结构的示意图

2. IDEA 加、解密过程

IDEA 每次加密的明文分组长度为 64 位，加密时将这 64 位分为 4 个 16 位的子分组。

IDEA 的密钥长度为 128 位，加密时将密钥生成为 52 个 16 位的子密钥。

IDEA 使用了 8 轮循环，8 轮循环后再经过一个输出变换形成密文。

每轮循环使用 6 个 16 位的子密钥，最后的输出变换使用 4 个 16 位的子密钥。

IDEA 的解密算法与加密算法相同，解密算法的 52 个子密钥由加密子密钥导出。

加、解密过程如图 5.12 所示。

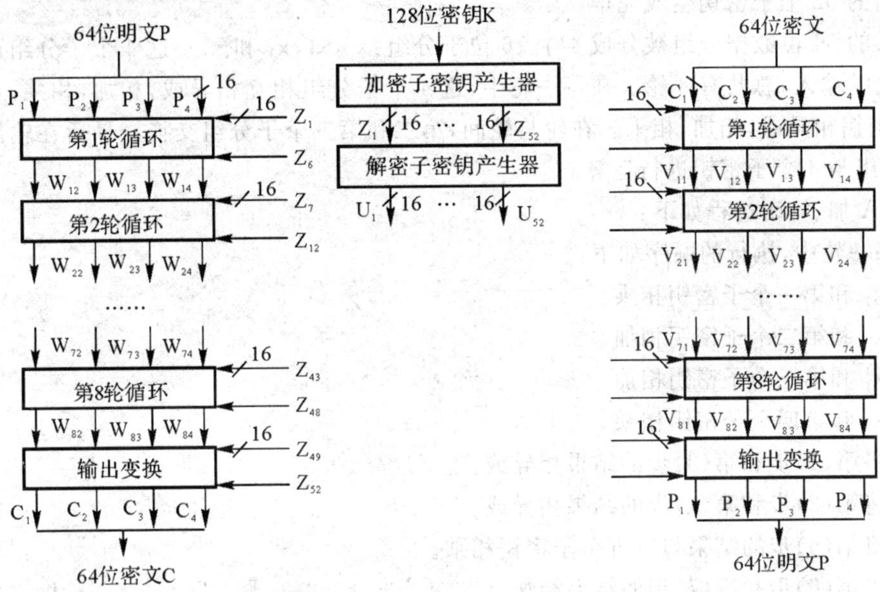

图 5.12　IDEA 加、解密过程

IDEA 总共进行 8 轮迭代操作，每轮需要 6 个子密钥，另外还需要 4 个额外子密钥，所以总共需要 52 个子密钥，这个 52 个子密钥都是从 128 位密钥中扩展出来的。

子密钥产生过程如图 5.13 所示。

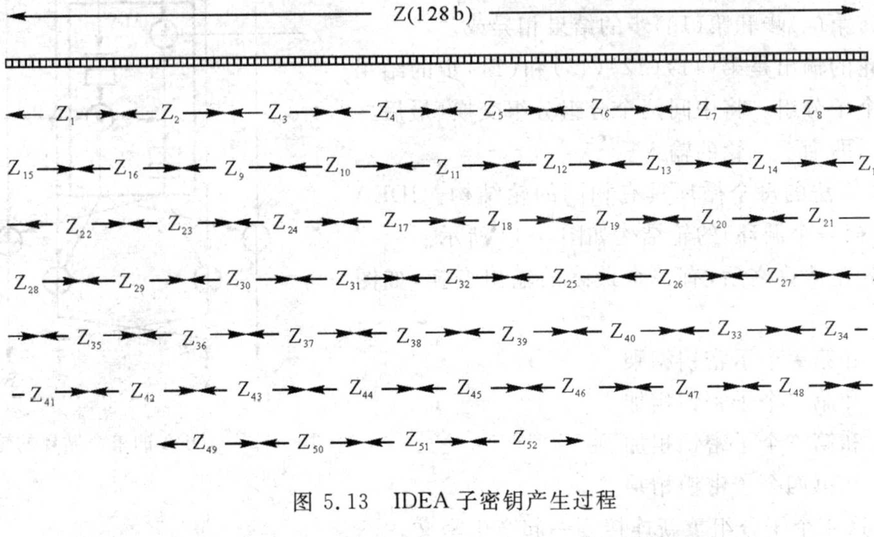

图 5.13　IDEA 子密钥产生过程

首先把输入的 Key 分成 8 个 16 位的子密钥，1～6 号子密钥供第一轮加密使用，7～8 号子密钥供第二轮使用，然后把这个 128 位密钥循环左移 25 位，这样 Key＝$k_{26}k_{27}k_{28}\cdots k_{24}k_{25}$。

把新生成的Key再分成8个16位的子密钥，1～4号子密钥供第二轮加密使用(前面已经提供了两个)，5～8号子密钥供第三轮加密使用。到此已经得到了16个子密钥，如此继续，当循环左移了5次之后已经生成了48个子密钥，还有4个额外的子密钥需要生成，再次把Key循环左移25位，选取划分出来的8个16位子密钥的前4个作为那4个额外的加密密钥。供加密使用的52个子密钥生成完毕。

输入的64位数据分组被分成4个16位子分组：x_1，x_2，x_3 和 x_4。这4个子分组成为算法的第一轮的输入，总共有8轮。在每一轮中，这4个子分组相互相异或，相加，相乘，且与6个16位子密钥相异或，相加，相乘。在轮与轮间，第二和第三个子分组交换。最后在输出变换中4个子分组与4个子密钥进行运算。

IDEA加、解密过程如下：

在每一轮中，执行的顺序如下：

(1)x_1 和第一个子密钥相乘。

(2)x_2 和第二个子密钥相加。

(3)x_3 和第三个子密钥相加。

(4)x_4 和第四个子密钥相乘。

(5)将第(1)步和第(3)步的结果相异或。

(6)将第(2)步和第(4)步的结果相异或。

(7)将第(5)步的结果与第五个子密钥相乘。

(8)将第(6)步和第(7)步的结果相加。

(9)将第(8)步的结果与第六个子密钥相乘。

(10)将第(7)步和第(9)步的结果相加。

(11)将第(1)步和第(9)步的结果相异或。

(12)将第(3)步和第(9)步的结果相异或。

(13)将第(2)步和第(10)步的结果相异或。

(14)将第(4)步和第(10)步的结果相异或。

每一轮的输出是第(11)(12)(13)和(14)步的结果形成的4个子分组。将中间两个分组分组交换(最后一轮除外)后，即为下一轮的输入。

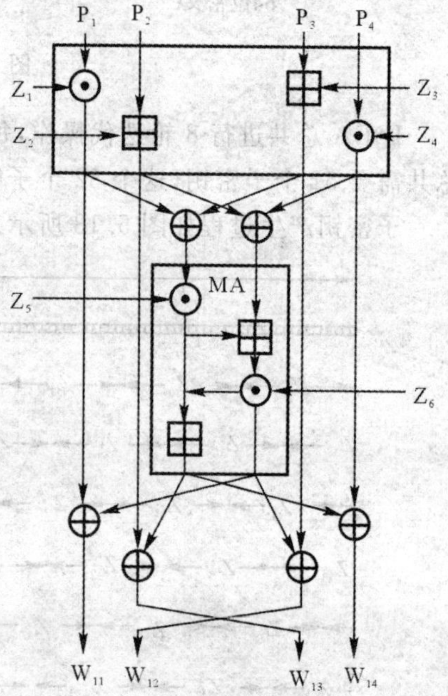

图 5.14　IDEA的单个循环的轮结构

IDEA算法的每个循环具有相同的轮结构。IDEA单个循环(第一个循环)的轮结构如图5.14所示。

经过8轮运算之后，有一个最终的输出变换，如图5.15所示。

(1)x_1 和第一个子密钥相乘。

(2)x_2 和第二个子密钥相加。

(3)x_3 和第三个子密钥相加。

(4)x_4 和第四个子密钥相乘。

最后，这4个子分组重新连接到一起产生密文。

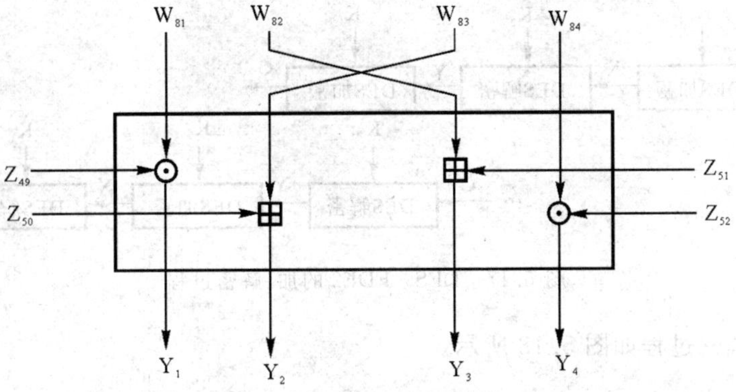

图 5.15　IDEA 的输出变换

5.4.2　TripleDES(三重 DES)

三重 DES 分为双密钥三重 DES 和三密钥三重 DES。

双密钥三重 DES 利用两个不同的密钥连续三次对明文进行加密处理,试图用较短的密钥获得较高的安全性。

目前的双密钥三重 DES 加密方案有两种:DES - EEE2 和 DES - EDE2。

(1)DES - EEE2 的加、解密过程。

加密操作:$C=EK_1[EK_2[EK_1[P]]]$

解密操作:$P=DK_1[DK_2[DK_1[C]]]$

具体的加、解密过程如图 5.16 所示。

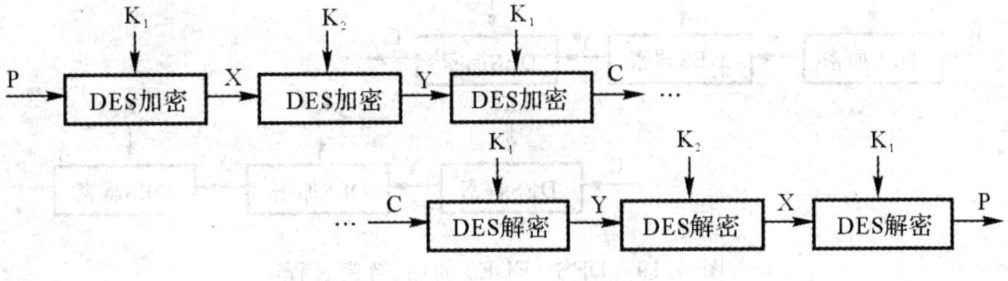

图 5.16　DES - EEE2 的加、解密过程

(2)DES - EDE2 的加、解密过程。

加密操作:$C=EK_1[DK_2[EK_1[P]]]$

解密操作:$P=DK_1[EK_2[DK_1[C]]]$

具体的加、解密过程如图 5.17 所示。

DES - EDE2 模式的优点是可以解密原来单次 DES 所加密的数据。

研究人员认为三密钥 3DES 用起来更加令人放心,三密钥 3DES 使用三个不同的密钥。

三密钥 3DES 有两种模式:DES - EEE3 和 DES - EDE3。

(1)DES - EEE3 的加、解密过程。

加密操作:$C=EK_3[EK_2[EK_1[P]]]$

解密操作:$P=DK_1[DK_2[DK_3[C]]]$

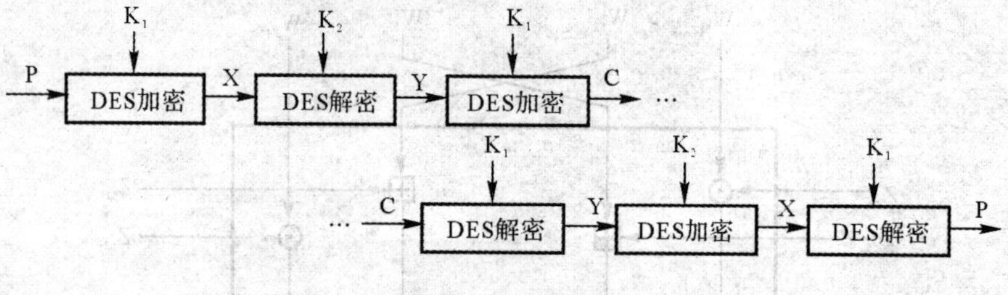

图 5.17 DES－EDE2 的加、解密过程

具体的加、解密过程如图 5.18 所示。

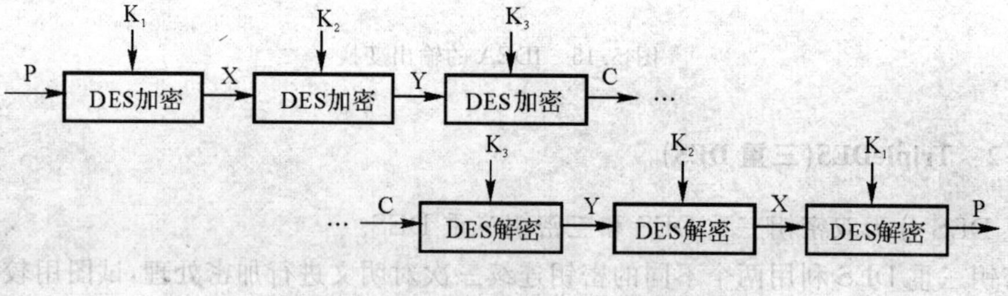

图 5.18 DES－EEE3 的加、解密过程

(2)DES－EDE3 的加、解密过程。

加密操作：$C=EK_3[DK_2[EK_1[P]]]$

解密操作：$P=DK_1[EK_2[DK_3[C]]]$

具体的加、解密过程如图 5.19 所示。

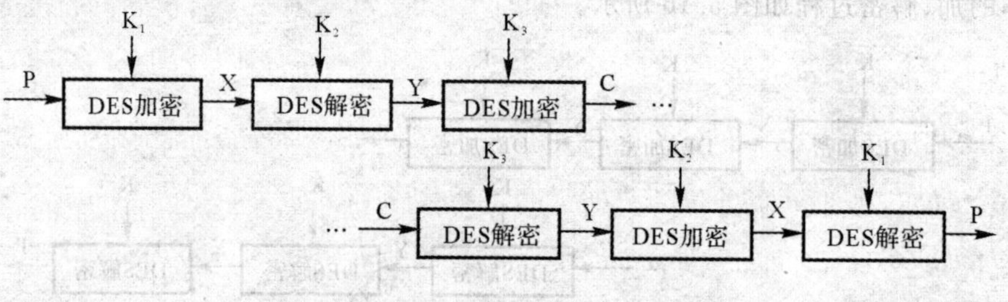

图 5.19 DES－EDE3 的加、解密过程

DES－EDE3 模式也可以解密原来单次 DES 所加密的数据。

5.4.3 RC5

RC5 是 RonRivest 为 RSA 数据安全公司设计的一系列加密算法中的一个。

RC5 于 1994 年发布，是一种快速的参数化分组密码算法。

1. RC5 的参数

RC5 有三个主要参数：字长 w、循环轮数 r、密钥长度 b。

(1)字长 w。单位为位，RC5 允许的取值为 16，32 或 64 位。RC5 的分组大小为 2w，因此，分组大小可以取 32、64 或 128 位。分组长度越长，抵御统计分析的能力也越强，而加密函数的复杂性也会随之加大。

(2)循环轮数 r。允许的取值为 0，1，2，…，255。循环轮数越多安全性也就越好，但要综合考虑安全性和速度。

(3)密钥长度 b。单位为字节，允许的取值为 0，1，2，…，255，对应的二进制位是 0，8，16，…，2040。选择合适的密钥长度可以在速度和安全性之间进行折中。

一个特定的 RC5 算法可以表示为 RC5－w/r/b。例如：RC5－32/12/16 的含义是字长 32 位(分组大小 64 位)，加密和解密算法包含 12 个循环，密钥长度为 16B(128 位)。

Rivest 建议把 RC5－32/16/16 作为指定版本使用。

2. RC5 的基本操作

RC5 算法使用以下三种基本操作：

(1)加法/减法操作。

模 2^w 加法，记为＋，用于加密；

加法的逆操作为模 2^w 减法，记为－，用于解密。

(2)按位异或操作，记为⊕。

(3)循环移位操作。

x 循环左移 y 位，记为 $x<<<y$，用于加密；

x 循环右移 y 位，记为 $x>>>y$，用于解密。

3. RC5 的组成

RC5 算法由密钥扩展算法、加密算法、解密算法三部分组成。

(1)密钥扩展算法。RC5 对秘密密钥 K 进行一系列复杂的操作后产生 t 个子密钥。子密钥个数 t 与循环次数 r 有关；每轮循环使用 2 个子密钥，另外 2 个子密钥用于循环之外的处理，因此，共有 $t=2r+2$ 个子密钥；每个子密钥的长度为 w 位。

RC5 密钥扩展的示意图如图 5.20 所示。

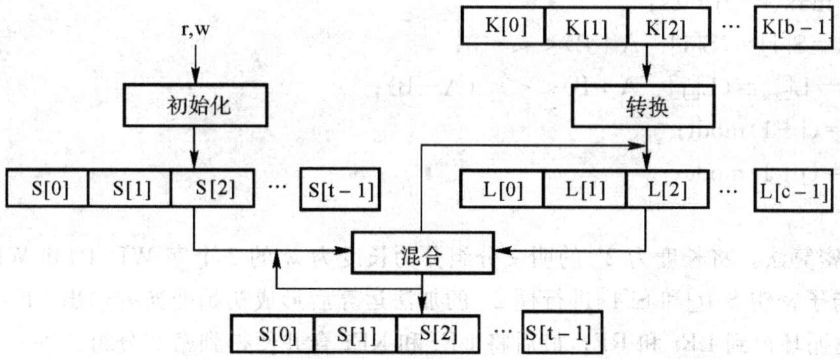

图 5.20　RC5 密钥扩展的示意图

密钥扩展由初始化、转换、混合三部分构成。

1)初始化。初始化操作根据 w 值对子密钥进行初始化，子密钥被存放在由 t 个字构成的数组中，该数组标记为 S[0]，S[1]，S[2]，…，S[t－1]。

初始化时，使用 w 确定两个常数：

$$P_w = \mathrm{Odd}[(e-2)2^w]$$

$$Q_w = \mathrm{Odd}[(\varphi-1)2^w]$$

其中，e 为自然对数的底，e＝2.718 281 828 459…；φ 为黄金分割，φ＝1.618 033 988 749…；

Odd[x]为最接近 x 的奇数，若 x 为偶数，则 Odd[x]＝x＋1。

对于不同的 w 值，常数 P_w 与 Q_w 的取值见表 5.8。

表 5.8　P_w 与 Q_w 的取值

w	16	32	64
P_w	B7E1	B7E15163	B7E15162AED2A6B
Q_w	9E37	9E3779B9	9E3779B97F4A7C15

根据常数 P_w 与 Q_w，子密钥数组 S 以下列方式进行初始化：

```
S[0]＝Pw；
for i＝1 step 1 to t－1 do
    S[i]＝S[i－1]＋Qw；
end for
```

其中，加法是模 2^w 相加。

2)转换。转换是将 b 字节的密钥 K 赋给以字为单位的数组 L[0]，L[1]，L[2]，…，L[c－1]，其中，c＝b/u，u＝w/8。

将密钥 K 向数组 L 复制时，由低位到高位进行，数组 L 中剩下的未被 K 填充的字节填 0。

3)混合。初始化的数组 S 与密钥数组 L 进行混合，以产生最终的子密钥数组 S。

混合时，对 S 和 L 中较大的数组进行三轮操作，而对较小的数组则可能操作更多次。

混合算法如下：

```
i＝j＝0；A＝B＝0；
do 3 * max(t,c)times：
    A＝S[i]＝(S[i]＋A＋B)<<<3；
    B＝L[j]＝(L[j]＋A＋B)<<<(A＋B)；
    i＝(i＋1)modt；
    j＝(j＋1)modc；
end do
```

(2)加密算法。将长度为 2^w 的明文分组分为长度为 w 的 2 个字 WL(P)和 WR(P)，将上述两部分与子密钥 S[0]和 S[1]进行模 2^w 的加法运算后形成初始变换的输出 LE0 和 RE0，然后经过 r 轮循环得到 LEr 和 REr，最后将 LEr 和 REr 合并便得到密文分组。

加密算法如下：

```
A＝WL(P)；
B＝WR(P)；
LE0＝A＋S[0]；
RE0＝B＋S[1]；
for i＝1 step1 to r do
    LEi＝((LEi－1⊕REi－1)<<<REi－1)＋S[2i]；
    REi＝((REi－1⊕LEi)<<<LEi)＋S[2i＋1]；
end for
```

C＝LEr||REr

(3)解密算法。将长度为 2^w 的密文分组分为长度为 w 的 2 个字 WL(C)与 WR(C)；然后经过 r 轮循环得到 LD0 和 RD0；将 LD0 和 RD0 与子密钥 S[0]和 S[1]进行模 2^w 的减法运算后形成左半部分 A 和右半部分 B；最后将 A 和 B 合并便得到明文分组。

解密算法如下：

```
LDr＝WL(C)；
RDr＝WR(C)；
for i＝r step 1 down to 1 do
    RDi－1＝((RDi－S[2i＋1])>>>LDi)⊕ LDi；
  LDi－1＝((LDi－S[2i])>>>RDi－1)⊕ RDi－1；
end for
A＝LD0－S[0]；
B＝RD0－S[1]；
P＝A||B；
```

RC5 的加密与解密过程如图 5.21 所示。

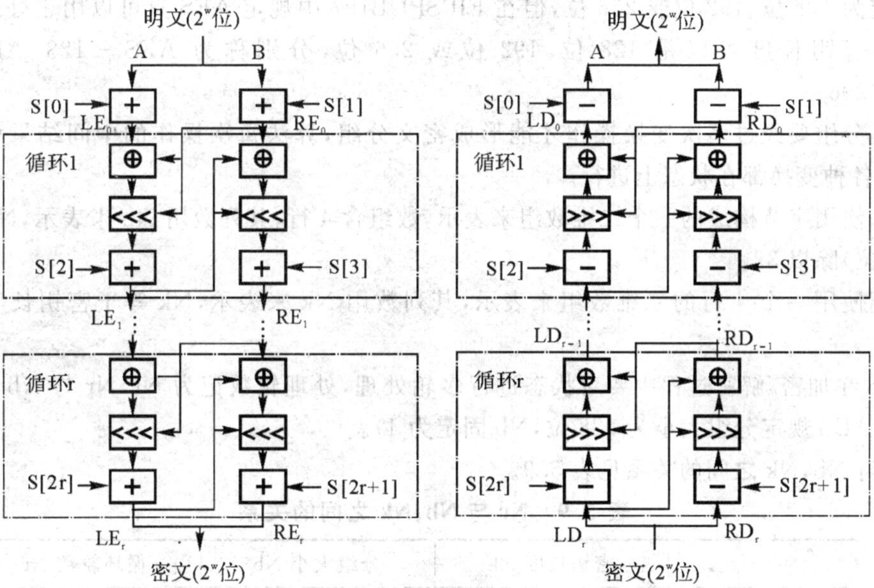

图 5.21　RC5 的加密与解密过程

(a) 加密；(b) 解密

5.4.4　高级加密标准 AES

1. AES 算法的发展历史

(1)1997 年 1 月 2 日 NIST 宣布开始开发 AES。

(2)1997 年 9 月 12 日 NIST 正式征集算法，要求 AES 算法定义一个非保密的、算法公开的、无版税的、可在全球使用的对称分组密码，至少支持 128 位长度的分组，支持 128，192 和

256 位密钥长度。

(3)1998 年 8 月 20 日 NIST 在第一次 AES 候选会议上宣布了 15 个 AES 候选算法，并请求对这些算法进行公开评议。

(4)1999 年 3 月 NIST 举行第二次 AES 候选会议。

(5)1999 年 4 月 15 日结束了第一轮公开评议阶段，NIST 从中选出 5 个候选算法：MARS，RC6，Rijndael，Serpent 和 Twofish，并请求对候选算法进行公开评议。

(6)2000 年 4 月 13—14 日，NIST 召开第三次 AES 候选会议。

(7)2000 年 5 月 15 日第二轮公开分析阶段结束，NIST 认为 Rijndael 算法汇聚了安全、性能、效率、易用和灵活等优点，是 AES 最合适的选择。

(8)2000 年 10 月 2 日 NIST 宣布最终选择 Rijndael 作为建议的 AES，并于 2001 年 7 月正式投入使用。

(9)2001 年 11 月 26 日 NIST 以美国联邦信息处理标准出版物 197(FIPSPUB197)将 Rijndael 作为 AES 规范发布。

2. AES 加密原理及实现过程

AES 算法是一种循环分组密码算法。虽然 Rijndael 算法的分组长度和密钥长度可以独立地指定为 128 位、192 位或 256 位，但在 FIPSPUB197 中规定 AES 只可以用于处理 128 位的分组，密钥长度可以是 128 位、192 位或 256 位，分别称为 AES - 128，AES - 192 和AES - 256。

明文分组要经过多次变换操作才能形成密文分组，算法每次操作的中间结果称为状态(State)，各种变换都在状态上进行。

状态使用字节构成的一个二维数组来表示，数组含 4 行，其列数用 Nb 来表示，Nb 等于分组长度(位)除以 32。

密钥使用一个 4 行的二维数组来表示，其列数用 Nk 来表示，Nk 等于密钥长度(位)除以 32。

AES 在加密/解密过程中要对状态进行多轮处理，处理轮数记为 Nr，Nr 与 Nb 和 Nk 有关(由于 AES 规定分组大小为 128 位，Nb 固定为 4)。

Nr 与 Nb，Nk 之间的关系见表 5.9。

表 5.9　Nr 与 Nb，Nk 之间的关系

	密钥长度 Nk	分组大小 Nb	循环轮数 Nr
AES - 128	4	4	10
AES - 192	6	4	12
AES - 256	8	4	14

AES 在加密/解密的每一轮中使用轮函数对状态进行处理。

加密算法中的轮函数由四个面向字节的变换组成：字节替代 ByteSubs()、移行 ShiftRows()、混列 MixColumns()、加轮密钥 AddRoundKey()。

(1)字节替代 ByteSubs()。字节替代是面向字节的非线性变换，独立地对状态的每个字节进行替代，替代表(即 S 盒)是可逆的。

字节替代是用十六进制的字节替代表实现的，见表 5.10。

表 5.10　字节替代表

x \ y	0	1	2	3	4	5	6	7	8	9	a	b	c	d	e	f
0	63	7c	77	7b	f2	6b	6f	c5	30	01	67	2b	fe	d7	ab	76
1	ca	82	c9	7d	fa	59	47	f0	ad	d4	a2	af	9c	a4	72	c0
2	b7	fd	93	26	36	3f	f7	cc	34	a5	e5	f	71	d8	31	15
3	04	c7	23	c3	18	96	05	9a	07	12	80	e2	eb	27	b2	75
4	09	83	2c	1a	1b	6e	5a	a0	52	3b	d6	b3	29	e3	2f	84
5	53	d1	00	ed	20	fc	b1	5b	7a	cb	be	30	4a	4c	59	cf
6	d0	ef	aa	fb	43	4d	33	85	45	f9	02	7f	50	3c	9f	a8
7	51	a3	40	8f	92	9d	38	f5	bc	b6	da	21	10	ff	f3	d2
8	cd	0c	13	ec	5f	97	44	17	c4	a7	7e	3d	64	5d	19	73
9	60	81	4f	dc	22	2a	90	88	46	ee	b8	14	de	5e	0b	db
a	e0	32	3a	0a	49	06	24	5c	c2	d3	ac	62	91	95	e4	79
b	e7	c8	37	6d	8d	d5	4e	a9	6c	56	f4	ea	65	7a	ae	08
c	ba	78	25	2e	1c	a6	b4	c6	e8	dd	74	1f	4b	bd	8b	8a
d	70	3e	b5	66	48	03	f6	0e	61	35	57	b9	86	c1	1d	9e
e	e1	f8	98	11	69	d9	8e	94	9b	1e	87	e9	ce	55	28	df
f	8c	a1	89	0d	bf	e6	42	68	41	99	2d	0f	b0	54	bb	16

例如，若被替代的字节是 68H，则将其替代为 45H。

(2)移行 ShiftRows()。移行变换对状态数组的每一行进行循环移位操作，循环移位的字节数 shift(r,Nb)取决于行号 r。

shift(0,4)＝0；shift(1,4)＝1；

shift(2,4)＝2；shift(3,4)＝3。

对状态数组各行进行循环移位的示意图如图 5.22 所示。

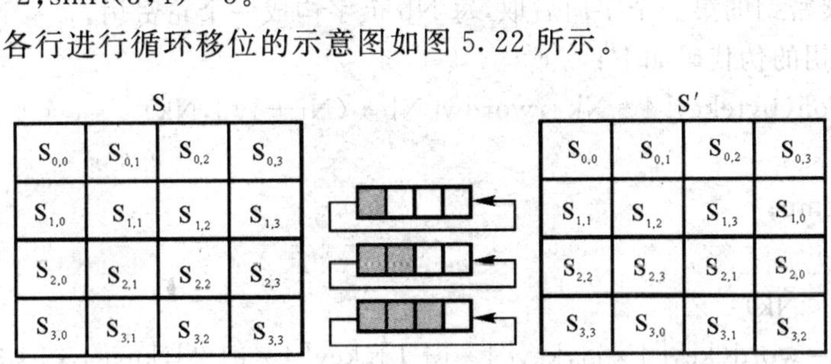

图 5.22　循环移位示意图

(3)混列 MixColumns()。在混列变换中，将状态数组的每个列视为系数在 GF(28)上的多项式，再与固定的多项式 a(x)进行模 x4＋1 乘法。

算法给出的 a(x)为(系数以十六进制数表示)

$$a(x)=\{03\}x^3+\{01\}x^2+\{01\}x+\{02\}$$

设 $S'(x)=a(x)\oplus S(x)$，则混列运算以矩阵乘法可以表示为

$$\begin{bmatrix} S'_{0,i} \\ S'_{1,i} \\ S'_{2,i} \\ S'_{3,i} \end{bmatrix} = \begin{bmatrix} 02 & 03 & 01 & 01 \\ 01 & 02 & 03 & 01 \\ 01 & 01 & 02 & 03 \\ 03 & 01 & 01 & 02 \end{bmatrix} \begin{bmatrix} S_{0,i} \\ S_{1,i} \\ S_{2,i} \\ S_{3,i} \end{bmatrix} \quad 0 \leqslant i < N_b$$

即

$$S'_{0,i}=\{02\}\cdot S_{0,i}\oplus\{03\}\cdot S_{1,i}\oplus\{01\}\cdot S_{2,i}\oplus\{01\}\cdot S_{3,i}$$
$$S'_{1,i}=\{01\}\cdot S_{0,i}\oplus\{02\}\cdot S_{1,i}\oplus\{03\}\cdot S_{2,i}\oplus\{01\}\cdot S_{3,i}$$
$$S'_{2,i}=\{01\}\cdot S_{0,i}\oplus\{01\}\cdot S_{1,i}\oplus\{02\}\cdot S_{2,i}\oplus\{03\}\cdot S_{3,i}$$
$$S'_{3,i}=\{03\}\cdot S_{0,i}\oplus\{01\}\cdot S_{1,i}\oplus\{01\}\cdot S_{2,i}\oplus\{02\}\cdot S_{3,i}$$

其中，· 表示 GF(28)上两个多项式的模 m(x)＝x8＋x4＋x3＋x＋1 的乘法运算。

{01}，{02}，{03}，{04}及 $S_{j,i}$ 表示十六进制数，长度为 8 位，可以将其表示为有限域 GF(28)中的多项式形式。

例如：

十六进制数{57}(01010111)可以表示为多项式 x6＋x4＋x2＋x＋1，{83}(10000011)可以表示为 x7＋x＋1，则

{57}·{83}＝(x6＋x4＋x2＋x＋1)·(x7＋x＋1)＝x7＋x6＋1(modm(x))

即　　01010111·10000011＝11000001(57·83＝c1)

(4)加轮密钥 AddRoundKey()。加轮密钥将状态与轮密钥简单地按位进行异或，每个轮密钥由 Nb 个字构成，每个字包含 4 个字节，加轮密钥将状态中的每一列与轮密钥对应的字按位异或。

在进行加密变换的时候，需要将状态与轮密钥进行多轮的按位异或，加密操作共需要 Nr＋1个轮密钥。

因此，在进行加密之前先要由加密密钥 K 生成扩展密钥，扩展密钥由 Nb(Nr＋1)个(4 字节)字组成，每个字表示为 wi，0≤i＜Nb(Nr＋1)。

然后，从扩展密钥的第一个字向后取，每 Nb 个字构成一个轮密钥。

获得扩展密钥的伪代码如下：

```
KeyExpansion(bytekey[4 * Nk],wordw[Nb * (Nr+1)],Nk)
Begin
    word temp;
    i=0;
    while(i<Nk)
      w[i]=word(key[4 * i],key[4 * i+1],key[4 * i+2],key[4 * i+3]);
      i=i+1;
    end while
    i=Nk;
```

```
    while(i<Nb * (Nr+1))
      temp=w[i-1];
      if(i mod Nk==0)
        temp=SubWord(RotWord(temp))xorRcon[i/Nk];
      elseif(Nk>6and i mod Nk=4)
        temp=SubWord(temp);
      end if
      w[i]=w[i-Nk]xor temp;
      i=i+1;
    end while
end
```

其中，函数 SubWord()对输入的 4 字节字中的每个字节施加 S 盒操作；函数 RotWord()对输入的 4 字节字进行一个字节的循环左移；Rcon[i]为轮常数，由 4 字节组成。Rcon[i]={xi-1,'00','00','00'}，其中 x0 为"01"，x1 为"02"，x2 为"04"，x3 为"08"，…

AES 加密算法的伪代码如下：

```
Cipher(byte in[4 * Nb],byte out[4 * Nb],word w[Nb * (Nr+1)])
begin
    byte state[4,Nb];
    state=in;
    Add Round Key(state,w[0,Nb - 1]);
    for round=1 step 1 to Nr - 1;
        SubBytes(state);
        ShiftRows(state);
        MixColumns(state);
        AddRoundKey(state,w[round * Nb,(round+1) * Nb - 1]);
    endfor
    SubBytes(state);
    ShiftRows(state);
    AddRoundKey(state,w[Nr * Nb,(Nr+1) * Nb - 1]);
    out=state;
end
```

3. AES 解密算法

AES 解密算法与加密算法类似，引入了相应的逆函数：逆字节替代变换 InvSubBytes()、逆移行变换 InvShiftRows()、逆混列变换 InvMixColumns()、AddRoundKey()。

其中，AddRoundKey()是自逆的。

(1)逆字节替代变换。逆字节替代变换与字节替代变换采用类似的操作，只不过所使用的替代表完全相反。

逆字节替代利用 S 盒表对状态中的每个字节进行替代。

逆字节替代表见表 5.11。

表 5.11　逆字节替代表

x \ y	0	1	2	3	4	5	6	7	8	9	a	b	c	d	e	f
0	52	09	6a	d5	30	36	a5	38	bf	40	a3	9e	81	f3	d7	fb
1	7c	e3	39	82	9b	2f	ff	87	34	8e	43	44	c4	de	e9	cb
2	54	7b	94	32	a6	c2	23	3d	ee	4c	95	0b	42	fa	c3	4e
3	08	2e	a1	66	28	d9	24	b2	76	5b	a2	49	6d	8b	d1	25
4	72	f8	f6	64	86	68	98	16	d4	a4	5c	cc	5d	65	b6	92
5	6c	70	48	50	fd	ed	b9	da	5e	15	46	57	a7	8d	9d	84
6	90	d8	ab	00	8c	bc	d3	0a	f7	e4	58	05	b8	b3	45	06
7	d0	2c	1e	8f	ca	3f	0f	02	c1	af	bd	03	01	13	8a	6b
8	3a	91	11	41	4f	67	dc	ea	97	f2	cf	ce	f0	b4	e6	73
9	96	ac	74	22	e7	ad	35	85	e2	f9	37	e8	1c	75	df	6e
a	47	f1	1a	71	1d	29	c5	89	6f	b7	62	0e	aa	18	be	1b
b	fc	56	3e	4b	c6	d2	79	20	9a	db	c0	fe	78	cd	5a	f4
c	1f	dd	a8	33	88	07	c7	31	b1	12	10	59	27	80	ec	5f
d	60	51	7f	a9	19	b5	4a	0d	2d	e5	7a	9f	93	c9	9c	ef
e	a0	e0	3b	4d	ae	2a	f5	b0	c8	eb	bb	3c	83	53	99	61
f	17	2b	04	7e	ba	77	d6	26	e1	69	14	63	55	21	0c	7d

(2)逆移行变换。逆移行变换对状态数组的每一行进行循环右移操作，循环右移的字节数Ishift(r,Nb)取决于行号 r。

Ishift(0,4)＝0；　Ishift(1,4)＝1；

Ishift(2,4)＝2；　Ishift(3,4)＝3。

逆移行变换中循环移位的示意图如图 5.23 所示。

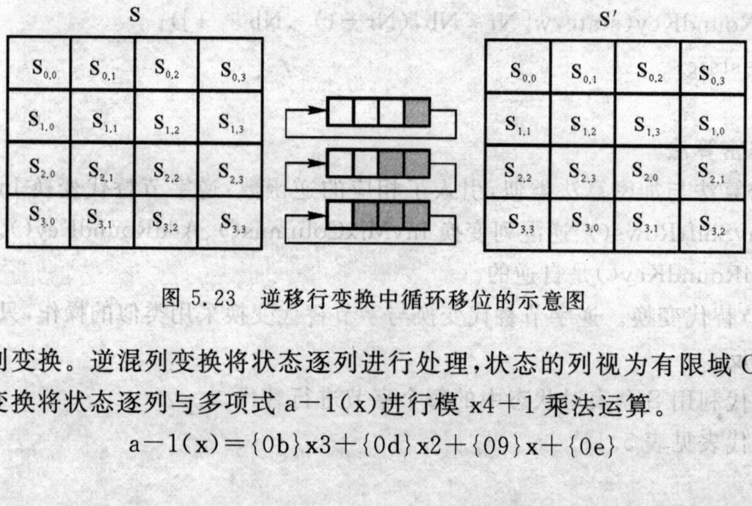

图 5.23　逆移行变换中循环移位的示意图

(3)逆混列变换。逆混列变换将状态逐列进行处理，状态的列视为有限域 GF(28)上的多项式，逆混列变换将状态逐列与多项式 a－1(x)进行模 x4＋1 乘法运算。

a－1(x)＝{0b}x3＋{0d}x2＋{09}x＋{0e}

设 $S'(x)=a-1(x)\oplus S(x)$，则混列运算以矩阵乘法可以表示为

$$\begin{bmatrix} S'_{0,i} \\ S'_{1,i} \\ S'_{2,i} \\ S'_{3,i} \end{bmatrix} = \begin{bmatrix} 0e & 0b & 0d & 09 \\ 09 & 0e & 0b & 0d \\ 0d & 09 & 0e & 0b \\ 0b & 0d & 09 & 0e \end{bmatrix} \begin{bmatrix} S_{0,i} \\ S_{1,i} \\ S_{2,i} \\ S_{3,i} \end{bmatrix} \quad 0 \leqslant i < Nb$$

AES 解密算法的伪代码如下：

```
EqInvCipher(bytein[4 * Nb],byteout[4 * Nb],worddw[Nb * (Nr+1)])
begin
    bytestate[4,Nb];
    state=in;
    AddRoundKey(state,dw[Nr * Nb,(Nr+1) * Nb-1]);
    for round=Nr-1 step 1 downto 1
        InvSubBytes(state);                //逆字节替代
        InvShiftRows(state);               //逆移行
        InvMixColumns(state);              //逆混列
        AddRoundKey(state,dw[round * Nb,(round+1) * Nb-1]);
    endfor
    InvSubBytes(state);                    //最后一轮不含逆混列
    InvShiftRows(state);
    AddRoundKey(state,dw[0,Nb-1]);
    out=state;                             //输出明文分组
end
```

5.5　使用常规加密进行保密通信

5.5.1　链路层加密

对于在两个网络节点间的某一次通信链路，链路加密能为网上传输的数据提供安全保证，所有消息在被传输之前进行加密，在每一个节点对接收到的消息进行解密，然后先使用下一个链路的密钥对消息进行加密，再进行传输。

1. 链路层加密的优点

(1)由于在每一个中间传输节点消息均被解密后重新进行加密，因此，包括路由信息在内的链路上的所有数据均以密文形式出现。这样，链路加密就掩盖了被传输消息的源点与终点。

(2)由于填充技术的使用以及填充字符在不需要传输数据的情况下就可以进行加密，这使得消息的频率和长度特性得以掩盖，从而可以防止对通信业务进行分析。

2. 链路层加密的缺点

(1)链路加密通常用在点对点的同步或异步线路上，它要求先对在链路两端的加密设备进行同步，然后使用一种链模式对链路上传输的数据进行加密。这就给网络的性能和可管理性带来了副作用。

(2)在一个网络节点，链路加密仅在通信链路上提供安全性，消息以明文形式存在，因此所有节点在物理上必须是安全的，否则就会泄漏明文内容。

(3)在传统的加密算法中，用于解密消息的密钥与用于加密的密钥是相同的，该密钥必须被秘密保存，并按一定规则进行变化。这样，密钥分配在链路加密系统中就成了一个问题，因为每一个节点必须存储与其相连接的所有链路的加密密钥，这就需要对密钥进行物理传送或者建立专用网络设施。而网络节点地理分布的广阔性使得这一过程变得复杂，同时增加了密钥连续分配时的费用。

5.5.2 节点加密

节点加密在操作方式上与链路加密是类似的：两者均在通信链路上为传输的消息提供安全性；都在中间节点先对消息进行解密，然后进行加密。因为要对所有传输的数据进行加密，所以加密过程对用户是透明的。

然而，与链路加密不同，节点加密不允许消息在网络节点以明文形式存在，它先把收到的消息进行解密，然后采用另一个不同的密钥进行加密，这一过程是在节点上的一个安全模块中进行的。

节点加密要求报头和路由信息以明文形式传输，以便中间节点能得到如何处理消息的信息。因此这种方法对于防止攻击者分析通信业务是脆弱的。

5.5.3 端到端加密

端到端加密允许数据在从源点到终点的传输过程中始终以密文形式存在。采用端到端加密(又称脱线加密或包加密)，消息在被传输到达终点之前不进行解密，因为消息在整个传输过程中均受到保护，所以即使有节点被损坏也不会使消息泄露。

1. 端到端加密的优点

(1)端到端加密系统的价格便宜，与链路加密和节点加密相比更可靠，更容易设计、实现和维护。

(2)端到端加密避免了其他加密系统所固有的同步问题，因为每个报文包均是独立被加密的，所以一个报文包所发生的传输错误不会影响后续的报文包。

(3)从用户对安全需求的直觉上讲，端到端加密更自然些。单个用户可能会选用这种加密方法，以便不影响网络上的其他用户，此方法只需要源和目的节点是保密的即可。

2. 端到端加密的缺点

(1)通常不允许对消息的目的地址进行加密，这是因为每一个消息所经过的节点都要用此地址来确定如何传输消息。

(2)由于这种加密方法不能掩盖被传输消息的源点与终点，因此它对于防止攻击者分析通信业务是脆弱的。

5.5.4 加密方式的选择方法

(1)在多个网络互联的环境下，宜采用端到端加密方式。

(2)在需要保护的链路数不多，要求实时通信，不支持端到端加密远程调用通信等场合宜采用链路层加密方式，这样仅需少量的加密设备即可，从而可保证不降低太多的系统效能，不需要太高的加密成本。

(3)在需要保护的链路数较多的场合以及在文件保护、邮件保护、支持端到端加密的远程调用、实时性要求不高的通信等场合，宜采用端到端加密方式，这样可以使网络具有更高的保密性、灵活性，加密成本也较低。

(4)对于需要防止流量分析的场合，可考虑采用链路层加密和端到端加密组合的加密方式。

3 种加密方式的具体选择方法见表 5.12。

表 5.12　3 种加密方式的选择方法

方　式	优　点	缺　点
链路层加密	(1)包含报头和路由信息在内的所有信息均加密； (2)单个密钥损坏时整个网络不会损坏，每对网络节点可使用不同的密钥； (3)加密对用户透明	(1)消息以明文形式通过每一个节点； (2)因为所有节点都必须有密钥，密钥分发和管理变得困难； (3)由于每个安全通信链路需要两个密码设备，因此费用较高
节点加密	(1)消息的加、解密在安全模块中进行，这使得消息内容不会被泄漏； (2)加密对用户透明	(1)某些信息(如报头和路由信息)必须以明文形式传输； (2)因为所有节点都必须有密钥，所以密钥分发和管理变得困难
端到端加密	(1)使用方便，采用用户自己的协议进行加密，并非所有数据需要加密； (2)网络中数据从源点到终点均受保护； (3)加密对网络节点透明，在网络重构期间可使用加密技术	(1)每一个系统都需要完成相同类型的加密； (2)某些信息(如报头和路由信息)必须以明文形式传输； (3)需采用安全、先进的密钥颁发和管理技术

第 6 章　公钥加密技术

6.1　非对称密码算法原理

对称密钥密码系统的缺陷：

(1)密钥必须经过安全的信道分配。

(2)无法用于数字签名。

(3)密钥管理复杂 $O(n^2)$。

非对称密钥密码，也称公开密钥密码，由 Diffie，Hellman1976 年提出：

(1)使用两个密钥，对于密钥分配、数字签名、认证等有深远影响。

(2)基于数学函数而不是代替和换位，密码学历史上唯一的一次真正的革命。

1. 公钥密码系统的加密原理(见图 6.1)

每个通信实体有一对密钥(公钥，私钥)。公钥公开，用于加密和验证签名，私钥保密，用作解密和签名。

A 向 B 发送消息，用 B 的公钥加密。

B 收到密文后，用自己的私钥解密。

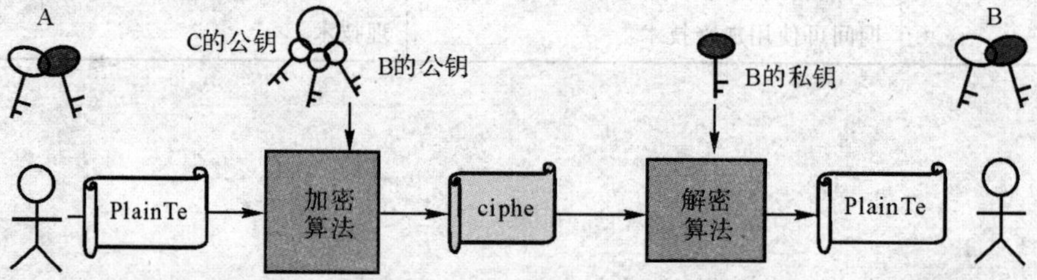

图 6.1　公钥加密系统的加密原理

任何人向 B 发送信息都可以使用同一个密钥(B 的公钥)加密。

没有其他人可以得到 B 的私钥，所以只有 B 可以解密。

2. 公钥密码系统的签名原理(见图 6.2)

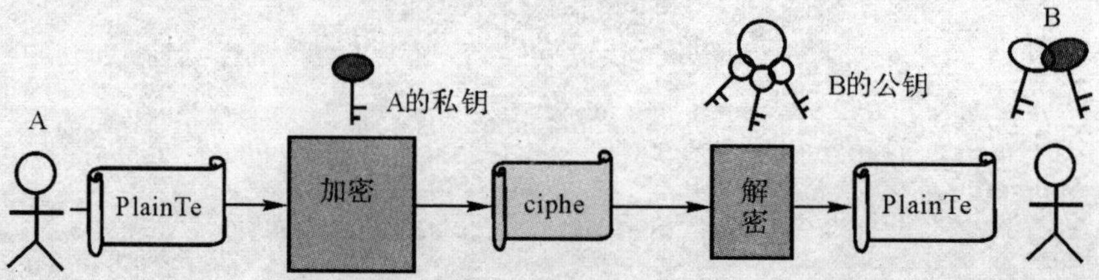

图 6.2　公钥加密系统的签名原理

A向B发送消息,用A的私钥加密(签名)。

B收到密文后,用A的公钥解密(验证)。

3. 公钥密码算法的表示

(1)对称密钥密码。

密钥:会话密钥(Ks)。

加密函数:C=EKs[P]。

对密文C,解密函数:DKs[C]。

(2)公开密钥。

密钥对:(KUa,KRa)。

加密/签名:C=EKUb[P],EKRa[P]。

解密/验证:P=DKRb[C],DKUa[C]。

4. 数字签名和加密同时使用

公钥加密算法数字答名和加密同时使用的原理如图6.3所示。

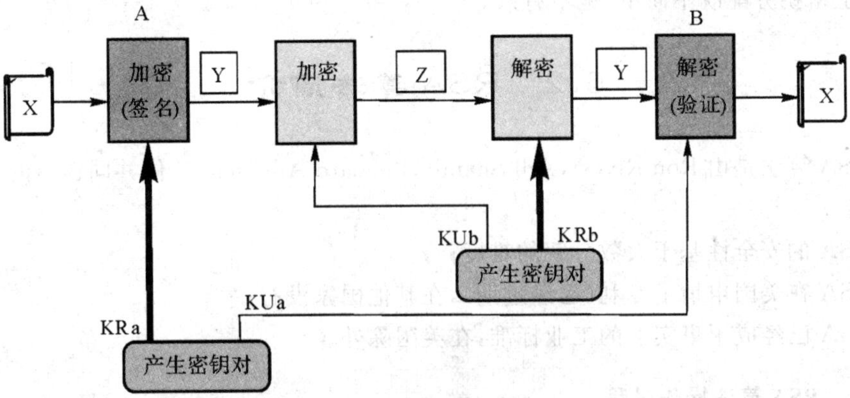

图6.3　公钥加密算法数字签名和加密同时使用的原理

$Z=EK_{Ub}[Y]=EK_{Ub}[EKR_a(X)]$

$X=DKUa[Y]=DK_{Ua}[DKR_b(Z)]$

5. 对公开密钥密码算法的要求

(1)参与方B容易产生密钥对(KUb,KRb)。

(2)已知KUb,A的加密操作是容易的:

C=EKUb(P)

(3)已知KRb,B的解密操作是容易的:

P=DKRb(C)=DKRb(EKUb(P))

(4)已知KUb,求KRb是计算上不可行的。

(5)已知KUb和C,欲恢复P是计算上不可行的。

6. 公钥密码系统的应用(见表6.1)

(1)加密/解密。

(2)数字签名:发送方用自己的私钥签署报文,接收方用对方的公钥验证对方的签名。

(3)密钥交换:双方协商会话密钥。

表 6.1　三种公钥加密算法的用途

算法	加密/解密	数字签名	密钥交换
RSA	Y	Y	Y
Diffie-Hellman	N	N	Y
DSA	N	Y	N

7. 对公钥密码算法的误解

(1)公开密钥算法比对称密钥密码算法更安全?

任何一种算法都依赖于密钥长度、破译密码的工作量,从抗分析角度,没有一方更优越。

(2)公开密钥算法使对称密钥成为过时了的技术?

公开密钥很慢,只能用在密钥管理和数字签名,对称密钥密码算法将长期存在。

(3)使用公开密钥加密,密钥分配变得非常简单?

事实上密钥分配既不简单,也不有效。

6.2　RSA 算法简介

(1)RSA 算法是由 Ron Rivest,Adi Shamir,Leonard Adleman 三位共同提出的,以三人名字缩写命名;

(2)RSA 的安全性基于大数分解的难度;

(3)RSA 在美国申请了专利(已经过期),在其他国家没有;

(4)RSA 已经成了事实上的工业标准,在美国除外。

6.2.1　RSA 算法操作过程

1. 密钥产生

(1)取两个大素数 p,q,保密。

例如,$p=7$,$q=17$。

(2)计算 $n=pq$,公开 n。

例如,$n=119$。

(3)计算欧拉函数 $\phi(n)=(p-1)(q-1)$。

例如,$\phi(n)=96$。

(4)任意取一个与 $\phi(n)$ 互素的小整数 e,即

$\gcd(e,\phi(n))=1$;　　$1<e<\phi(n)$

e 作为公钥公开。

例如,选择 $e=5$。

(5)寻找 d,使得

$de\equiv 1 \bmod \phi(n)$,　$ed=k\phi(n)+1$

d 作为私钥保密。

例如,$5d=k\times 96+1$,令 $k=4$,求得 $d=77$。

2. RSA 算法加、解密过程

(1)密钥对(KU,KR)：

KU={e,n}，　　KR={d,n}

例如，KU={5,119}，KR={77,119}。

(2)加密过程。

把待加密的内容分成 k 位的分组，k≤lg2n，并写成数字，设为 M，则

$C=M^e \mod n$

例如，$C=m^5 \mod 119$。

(3)解密过程。

$M=C^d \mod n$

例如，$m=C^{77} \mod 119$。

3. RSA 加、解密过程举例

(1)p=7，q=17，　n=7×17=119。

(2)φ(n)=(7-1)×(17-1)=96。

(3)选 e=5，gcd(e，φ(n))=gcd(5，96)=1。

(4)寻找 d，使得 ed≡1 mod 96，即 ed=k×96+1，取 d=77。

(5)公开(e，n)=(79，119)。

(6)将 d 保密，丢弃 p，q。

(7)加密：

m=19

$19^5 \equiv 66 \mod 119$，c=66

解密：

$66^{77} \mod 119=?$

6.2.2　RSA 算法的安全性

1. 攻击方法

(1)蛮力攻击：对所有密钥都进行尝试。

(2)数学攻击：等效于对两个素数乘积(n)的因子分解。

2. 因子分解

大数的因子分解是数论中的一个难题(见表 6.2)。

RSA 算法的性能见表 6.3。

表 6.2　RSA 因子分解的难度

整数 N 的十进制位数	因子分解的运算次数	所需的计算时间（按每秒运算 100 万条指令计算）
50	1.4×10^{10}	3.9 小时
75	9.0×10^{12}	104 天
100	2.3×10^{15}	74 年

续 表

整数 N 的十进制位数	因子分解的运算次数	所需的计算时间（按每秒运算 100 万条指令计算）
200	1.2×10^{23}	3.8×10^{9} 年
300	1.5×10^{29}	4.0×10^{15} 年
500	1.3×10^{39}	4.2×10^{25} 年

表 6.3 RSA 算法的性能

所需时间/s 计算量 功能	512 位	768 位	1024 位
加密	0.03	0.05	0.08
解密	0.16	0.48	0.93
签名	0.16	0.52	0.97
验证	0.02	0.07	0.08

3. 速度

(1)软件实现比 DES 慢 100 倍。

(2)硬件实现比 DES 慢 1 000 倍。

6.3 Diffie－Hellman 密钥交换算法

(1)第一个发表的公开密钥算法。

(2)用于通信双方安全地协商一个会话密钥。

(3)只能用于密钥交换。

(4)基于离散对数计算的困难性。

(5)主要是模幂运算：a p mod n。

Diffie-Hellman 密钥交换过程如图 6.4 所示。

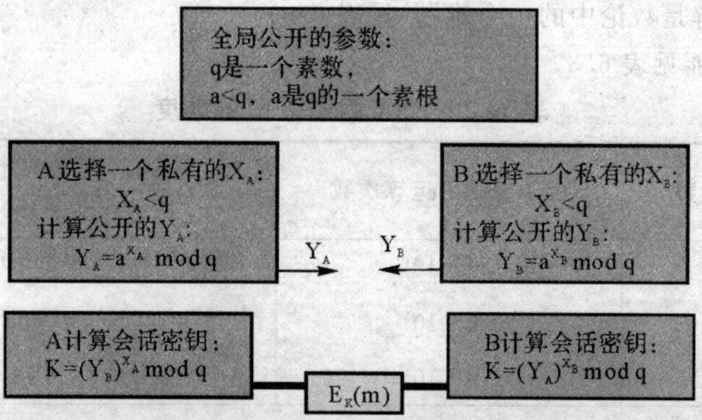

图 6.4 Diffie－Hellman 密钥交换过程

例：

全局公开参数：q=97，　　a=5　(5 是 97 的素根)

A 选择私钥：XA=36，　　　　B 选择私钥：XB=58

A 计算公钥：$YA=5^{36}$ mod 97=50　B 计算公钥：$YB=5^{58}$ mod 97=44

A 与 B 交换公开密钥

A 计算会话密钥：

$$K = YBXA \mod q = 44^{36} \mod 97 = 75$$

B 计算会话密钥：

$$K = YAXB \mod q = 44^{36} \mod 97 = 75$$

6.4　其他公钥密码算法

1. DSA

(1)1991 年，NIST 提出了数字签名算法(DSA)，并把它作为用户数字签名标准(DSS)。

(2)DSA 只能用于数字签名。

(3)算法的安全性也是基于离散对数的难度。

(4)招致大量的反对，理由如下：

1)DSA 不能用于加密或密钥分配。

2)DSA 是由 NSA 研制的，可能有后门。

3)DSA 的选择过程不公开，提供的分析时间不充分。

4)DSA 比 RSA 慢。

5)密钥长度太小(512 位)。

6)DSA 可能侵犯其他专利。

7)RSA 是事实上的标准。

2. 椭圆曲线密码系统

(1)有限域 GF(2n)。

(2)运算器容易构造。

(3)加密速度快。

(4)更小的密钥长度实现同等的安全性。

6.4.1　单向散列函数概要

单向散列函数又称单向 Hash 函数、杂凑函数，就是把任意长的输入消息串变换成固定长的输出串且由输出串难以得到输入串的一种函数。这个输出串称为该消息的散列值。一般用于产生消息摘要，密钥加密等。

一个安全的单向散列函数应该至少满足以下几个条件：

(1)输入长度是任意的；

(2)输出长度是固定的，根据目前的计算技术应至少取 128 位长，以便抵抗生日攻击；

(3)对每一个给定的输入，计算输出即散列值是很容易的；

(4)给定散列函数的描述，找到两个不同的输入消息杂凑到同一个值是计算上不可行的，或给定杂凑函数的描述和一个随机选择的消息,找到另一个与该消息不同的消息使得它们杂凑到同一个值是计算上不可行的。

Hash 函数主要用于完整性校验和提高数字签名的有效性,目前已有很多方案。这些算法都是伪随机函数,任何杂凑值都是等可能的。输出并不以可辨别的方式依赖于输入;在任何输入串中单个位的变化,将会导致输出位串中大约一半的位发生变化。

常见单向散列函数有 MD5(Message Digest Algorithm5),SHA(Secure Hash Algorithm),MAC(Message Authentication Code),CRC(Cyclic Redundancy Check)等。其中:

MD5 是 RSA 数据安全公司开发的一种单向散列算法,MD5 被广泛使用,可以用来把不同长度的数据块进行暗码运算成一个 128 位的数值;SHA 是一种较新的散列算法,可以对任意长度的数据运算生成一个 160 位的数值;MAC 是一种使用密钥的单向函数,可以用它们在系统上或用户之间认证文件或消息。HMAC(用于消息认证的密钥散列法)就是这种函数的一个例子。CRC 校验由于实现简单,检错能力强,被广泛用在各种数据校验应用中。占用系统资源少,用软硬件均能实现,是进行数据传输差错检测的一种很好的手段(CRC 并不是严格意义上的散列算法,但它的作用与散列算法大致相同,所以归于此类)。

单向散列函数具有如下特性:

(1)可以操作任何大小的报文 m;

(2)给定任意长度的 m,产生的 h 的长度固定;

(3)给定 m 计算 h=H(m)是容易的;

(4)给定 h,寻找 m,使得 H(m)=h 是困难的;

(5)给定 m,要找到 m',m'≠m 且 H(m)=H(m')是计算上不可行的;

(6)寻找任何(x,y),x≠y,使得 H(x)=H(y)是计算上不可行的。

6.4.2 MD5 算法简介

1. MD5 的特点

(1)Ron Rivest 设计。

(2)经历过 MD2,MD4 不同的版本。

(3)对任意输入均产生 128 位的输出。

(4)基于 32 位的简单操作,易于软件实现。

(5)简单而紧凑,没有复杂的程序和大数据结构。

(6)适合微处理器实现(特别是 Intel)。

2. MD5 产生报文摘要的过程(见图 6.5)

(1)填充,使报文长度为 512 的倍数减 64。

(2)附加长度,将填充前的报文长度写入最后的 64 位,总长度 N=L×512。

(3)初始化 MD 缓存,4 个 32 位的寄存器(A,B,C,D),共 128 位。

A=01 23　45　67

B=89 AB CD EF

C=FE DC BA 98

D=76　54　32　10

(4)处理每个报文分组(512)。算法的核心是 4 轮循环的压缩函数。

使用一个随机矩阵：

T[i]=　232abs(sin(i))　i=1,2,…,64

CV0=IV

CVq+1=SUM32(CVq,RFI[Yq,RFH[Yq,RFG[Yq,RFF[Yq,CVq]]]]

(5)输出。所有 L 个 512 位的分组处理完之后，第 L 阶段的输出便是 128 位的报文摘要。

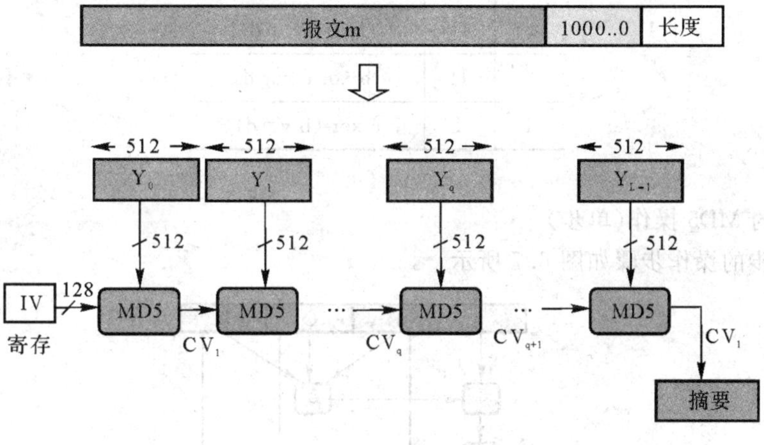

图 6.5　MD5 产生报文摘要的过程示意图

3. MD5 的压缩函数

MD5 的压缩函数示意图如图 6.6 所示。

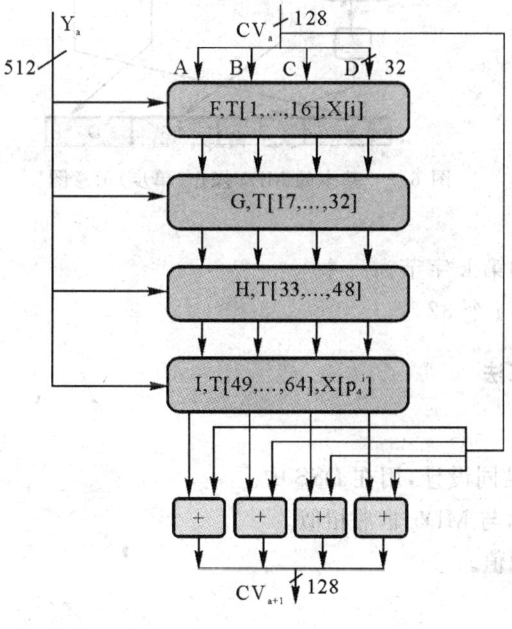

图 6.6　MD5 的压缩函数示意图

其中，原始函数 F,G,H,I 的表达式见表 6.4。

表 6.4　原始函数 F,G,H,I 的表达式

循环	原始函数	g(b,c,d)
1	F	(b^c)v(¬b^d)
1	F	(b^d)v(c^¬d)
2	G	(b^d)v(c^¬d)
3	H	b xor c xor d
4	I	c xor (b v¬d)

4. 基本的 MD5 操作(单步)

MD5 单步的操作步骤如图 6.7 所示。

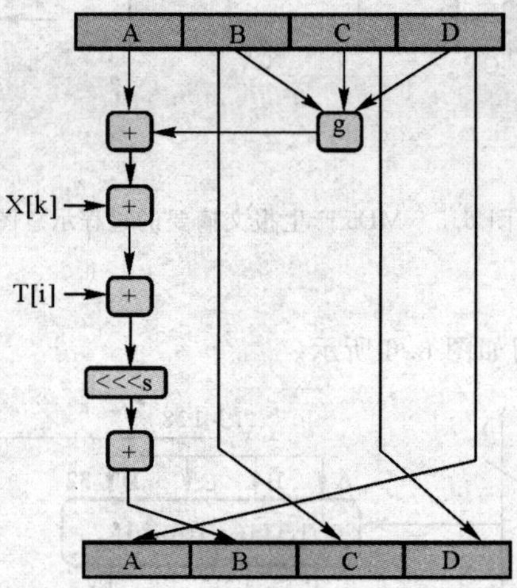

图 6.7　基本的 MD5 操作(单步)示意图

+:模 2^{32} 加法。

X[k]:512 输入中的第 k 字节。

T[i]:T 矩阵中的第 i 个 32。

6.4.3　其他散列算法

1. SHA,SHA-1

(1)NIST 和 NSA 共同设计,用在 DSS 中。

(2)基于 MD4 设计,与 MD5 非常相似。

(3)产生 160 位散列值。

2. RIPE-MD

(1)欧共体 RIPE 项目。

(2)128 位散列值。

6.5　消息认证码(MAC)

消息认证实际上是对消息本身产生一个冗余的信息——消息认证码(MAC)。消息认证码是利用密钥对要认证的消息产生新的数据块并对数据块加密生成的。它对于要保护的信息来说是唯一和一一对应的,因此可以有效地保护消息的完整性,以及实现发送方消息的不可抵赖和不能伪造。消息认证码的安全性取决于两点:①采用的加密算法,即数字签名,也即利用公钥加密算法(不对称密钥)对块加密,以保证消息的不可抵赖和完整性。②待加密数据块的生成方法。

消息认证码生成示意图如图 6.8 所示。

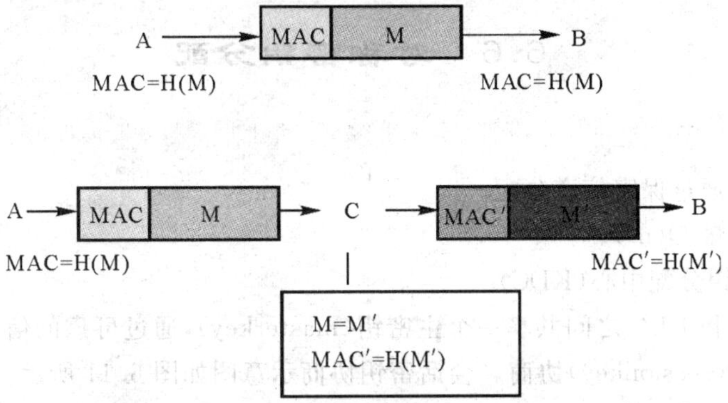

图 6.8　消息认证码生成示意图

(1)A 和 B 共享一个密钥 K。

(2)A 计算散列值 MAC＝H(M,K),附在 M 之后发送给 B。

MAC＝MD5(M＋K)

MAC＝DESK(MD5(M))

(3)B 收到 M 和 H(M,K)之后计算 H(M,K)并与收到的 MAC 比较:

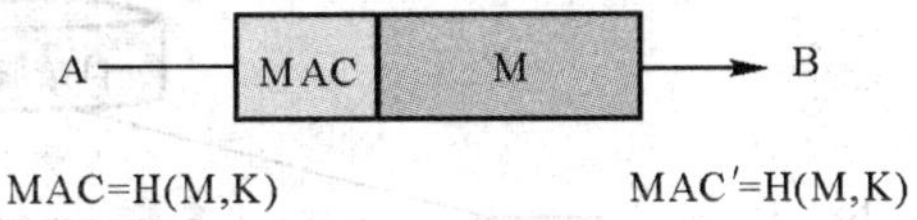

消息认证码用于数字签名的示意图如图 6.9 所示。

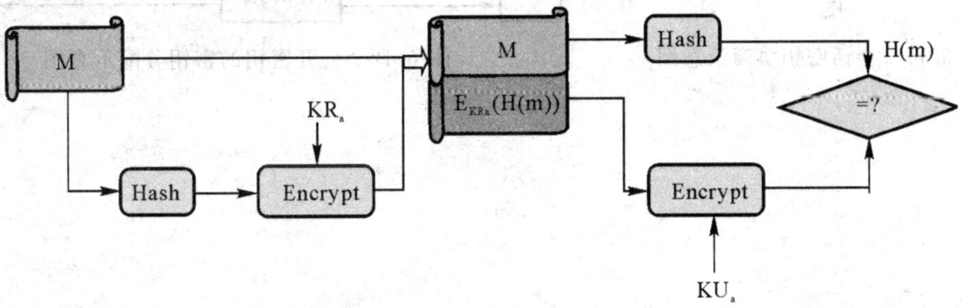

图 6.9　消息认证码用于数字签名示意图

基于散列函数的身份认证示意图如图 6.10 所示。

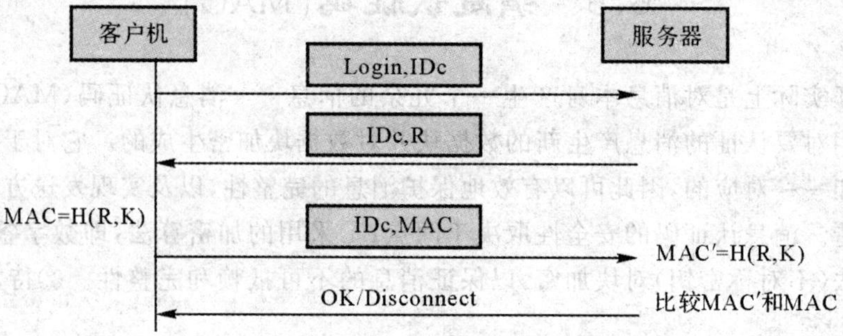

图 6.10 基于散列函数的身份认证示意图

6.6 对称密钥分配

1. 问题

(1)密钥必须通过保密信道分配。

(2)密钥的数量 $O(n^2)$。

2. 集中式密钥分配中心(KDC)

(1)每个用户和 KDC 之间共享一个主密钥(masterkey),通过可靠的信道分配。

(2)会话密钥(sessionkey)协商。会话密钥协商示意图如图 6.11 所示。

A→KDC:请求访问 B

KDC→A:$Ka[K_{ab}]$,$Kb[K_{ab}]$

A→B:$K_b[K_{ab}]$

A←→B:$K_{ab}[m]$

3. 公开密钥的密钥分配(见图 6.12)

(1)公开宣布。

(2)公布到目录服务。

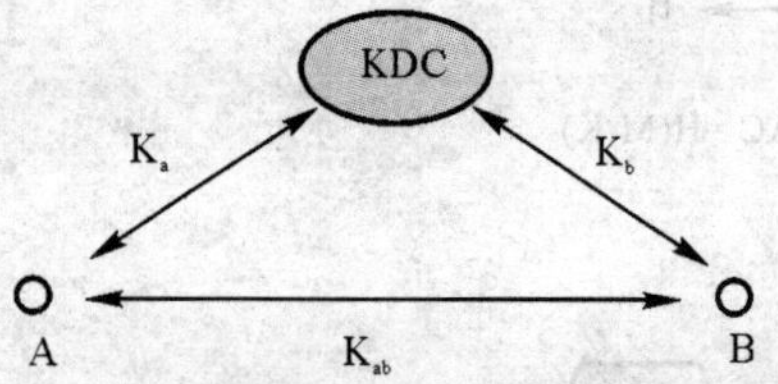

图 6.11 会话密钥协商示意图

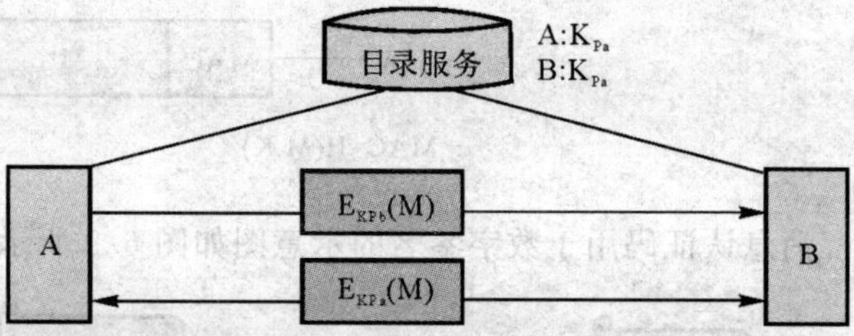

图 6.12 公开密钥的密钥分配示意图

第7章 防火墙

7.1 防火墙概述

7.1.1 防火墙的概念

防火墙(Firewall)是在两个网络之间执行访问控制策略的一个或一组安全系统。它是一种计算机硬件和软件系统集合,是实现网络安全策略的有效工具之一,被广泛地应用到Internet与Intranet之间。

通常防火墙建立在内部网和Internet之间的一个路由器或计算机上,该计算机也叫堡垒主机。它就如同一堵带有安全门的墙,可以阻止外界对内部网资源的非法访问和通行合法访问,也可以防止内部对外部网的不安全访问和通行安全访问。

防火墙是由软件和硬件组成的(见图7.1),可以说:所有进出内部网络的通信流都应该通过防火墙,所有穿过防火墙的通信流都必须有安全策略和计划的确认和授权,理论上,防火墙是穿不透的。

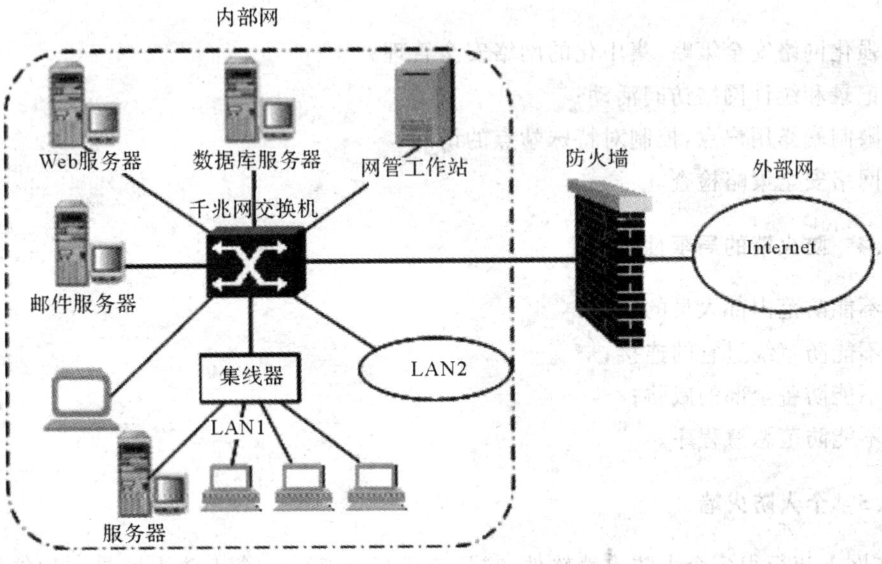

图7.1 防火墙位置示意图

7.1.2 防火墙的发展

第一代防火墙：1983 年第一代防火墙技术出现，它几乎是与路由器同时问世的。它采用了包过滤(Packet filter)技术，可称为简单包过滤(静态包过滤)防火墙。

第二代防火墙：1991 年，贝尔实验室提出了第二代防火墙——应用型防火墙(代理防火墙)——的初步结构。

第三代防火墙：1992 年，USC 信息科学学院开发出了基于动态包过滤(Dynamic packet filter)技术的第三代防火墙，后来演变为目前所说的状态检测(Stateful inspection)防火墙。1994 年，以色列的 CheckPoint 公司开发出了第一个采用状态检测技术的商业化产品。

第四代防火墙：1998 年，NAI 公司推出了一种自适应代理(Adaptiveproxy)防火墙技术，并在其产品 GauntletFirewallforNT 中得以实现，给代理服务器防火墙赋予了全新的意义。

图 7.2 所示为防火墙技术的简单发展阶段。

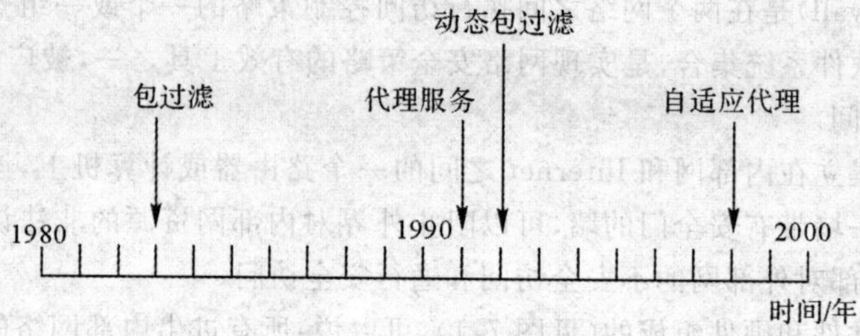

图 7.2 防火墙的发展阶段

7.1.3 防火墙的功能

(1)强化网络安全策略，集中化的网络安全管理；

(2)记录和统计网络访问活动；

(3)限制暴露用户点，控制对特殊站点的访问；

(4)网络安全策略检查。

7.1.4 防火墙的局限性

(1)不能防范内部人员的攻击；

(2)不能防范绕过它的连接；

(3)不能防备全部的威胁；

(4)不能防范恶意程序。

7.1.5 个人防火墙

现在网上流行很多个人防火墙软件，它是应用程序级的。个人防火墙是一种能够保护个人计算机系统安全的软件，它是可以直接在用户计算机操作系统上运行的软件服务，使用与状态检测防火墙相同的方式，来保护计算机免受攻击。通常，这些防火墙是安装在计算机网络接口的较低级别上，使它们可以监视通过网卡的所有网络通信。

1. 个人防火墙的优点

(1)增加了保护功能。它具有安全保护功能,可以抵挡外来攻击和内部的攻击。

(2)易于配置。它通常可以使用直接的配置选项获得基本可使用的配置。

(3)廉价。它不需要额外的硬件资源就为内部网的个人用户和公共网络中的单个系统提供安全保护。

2. 个人防火墙的缺点

(1)接口通信受限。个人防火墙对公共网络只有一个物理接口,而真正的防火墙应当监视并控制两个或更多的网络接口之间的通信。

(2)集中管理比较困难。个人防火墙需要在每个客户端进行配置,这将增加管理开销。

(3)性能限制。个人防火墙是为了保护单个计算机系统而设计的,在充当小型网络路由器时将导致性能下降。这种保护机制通常不如专用防火墙方案有效。

7.1.6 内部防火墙

防火墙主要是保护内部网络资源免受外部用户的非法访问和侵袭。有时为了某些原因,还需要对内部网的部分站点再加以保护,以免受内部网其他站点的侵袭。因此,需要在同一结构的两个部分之间,或者在同一内部网的两个不同组织结构之间再建立一层防火墙,这就是内部防火墙。

企业内部网络是一个多层次、多节点、多业务的网络,各节点间的信任程度较低,但各节点和服务器群之间又要频繁地交换数据。通过在服务器群的入口处设置内部防火墙,可有效地控制内部网络的访问。企业内部网中设置内部防火墙后,一方面可以有效地防范来自外部网络的攻击行为,另一方面可以为内部网络制定完善的安全访问策略,从而使得整个企业网络具有较高的安全级别。

内部防火墙的用户包括内部网本单位的雇员(如内部网单位本部的用户、本单位外部的用户、本单位的远程用户或在家中办公的用户)和单位的业务合作伙伴。后者的信任级别比前者要低。

许多用于建立外部防火墙的工具与技术也可用于建立内部防火墙。

内部防火墙具体可以实现以下功能:

(1)精确地制定每个用户的访问权限,保证内部网络用户只能访问必要的资源;

(2)记录网段间的访问信息,及时发现误操作和来自内部网络其他网段的攻击行为;

(3)通过安全策略的集中管理,每个网段上的主机不必再单独设立安全策略,降低人为因素导致的网络安全问题。

7.2 防火墙技术

7.2.1 防火墙的分类

按防火墙分类的标准不同,可将防火墙分为多种类型。

因特网采用TCP/IP协议,在不同的网络层次上设置不同的屏障,构成不同类型的防火墙,因此,根据防火墙的技术原理分类,有包过滤防火墙、代理服务器防火墙、状态检测防火墙和自适应代理防火墙等。

根据实现防火墙的硬件环境不同，可将防火墙分为基于路由器的防火墙和基于主机系统的防火墙。包过滤防火墙可以基于路由器，也可基于主机系统实现；而代理服务器防火墙只能基于主机系统实现。

根据防火墙的功能不同，可将防火墙分为FTP防火墙、Telnet防火墙、E－mail防火墙、病毒防火墙等各种专用防火墙。通常也将几种防火墙技术一起使用以弥补各自的缺陷，增加系统的安全性能。

7.2.2 包过滤技术

1. 包过滤原理

包是网络上的信息流动单位，在网上传输的文件，一般在发端被分为一串数据包，经过中间节点，最后到达目的地。然后这些包中的数据再被重组成原文件。

网络上传输的每个数据包都包括两部分：数据部分和包头。包头中含有源地址和目的地址信息。

包过滤就是根据包头信息来判断该包是否符合网络管理员设定的规则，以确定是否允许数据包通过。

包过滤是一种简单而有效的方法。通过拦截数据包，读出并拒绝那些不符合标准的包头，过滤掉不应入站的信息（路由器将其丢弃）。

每个包头的主要信息是IP协议类型（TCP，UDP，ICMP等），IP源地址和目标地址，IP选择域的内容，TCP或UDP源端口号和目标端口号，ICMP消息类型。

2. 包过滤防火墙

包过滤防火墙是最简单的防火墙，通常它只包括对源IP地址和目的IP地址及端口的检查。

包过滤防火墙通常是一个具有包过滤功能的路由器。因为路由器工作在网络层，因此包过滤防火墙又叫网络层防火墙。

包过滤是在网络的出口（如路由器上）对通过的数据包进行检测，只有满足条件的数据包才允许通过，否则被抛弃。这样可以有效地防止恶意用户利用不安全的服务对内部网进行攻击。

防火墙包过滤操作流程图如图7.3所示。

3. 过滤路由器与普通路由器的差别

普通路由器只简单地查看每一数据包的目的地址，并选择数据包发往目标地址的最佳路径。当路由器知道如何发送数据包到目标地址，则发送该包；如果不知道如何发送数据包到目标地址，则返还数据包，通知源地址“数据包不能到达目标地址”。

过滤路由器将更严格地检查数据包，除了决定是否发送数据包到其目标外，还决定它是否应该发送。“应该”或“不应该”由站点的安全策略决定，并由过滤路由器强制执行。

放置在内部网与Internet之间的过滤路由器，不但要执行转发任务，而且它是唯一的保护系统；如果过滤路由器的安全保护失败，内部网将被暴露；如果一个服务没有提供安全的操作要求，或该服务由不安全的服务器提供，包过滤路由器则不能保护它。

在对包作出路由决定时，普通路由器只依据包的目的地址引导包，而包过滤路由器要依据路由器中的包过滤规则作出是否引导该包的决定。

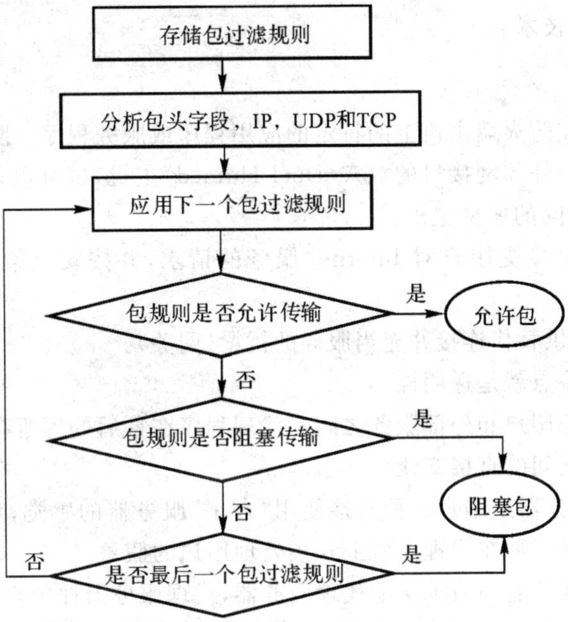

图 7.3 包过滤操作流程图

包过滤路由器以包的目标地址、包的源地址和包的传输协议为依据，确定允许或不允许某些包在网上传输。

包过滤系统判断是否传送包时，基本上不关心包的具体内容。

包过滤系统一般不允许任何用户从外部网用 Telnet 登录，允许任何用户使用 STMP(简单邮件传输协议)往内部网发送电子邮件，允许某台机器通过 NNTP(网络新闻传输协议)往内部网发新闻。

包过滤系统不能识别数据包中的用户信息，也不能识别包中的文件信息。

包过滤系统主要是使我们在一台机器上提供对整个网络的保护，即在该机器上设置了禁止项后，所有机器上均可得到禁止。

4. 包过滤路由器的优缺点

包过滤方式有许多优点，主要优点之一就是用一个放置在重要位置上的包过滤路由器即可保护整个网络。

这样，不管内部网的站点规模多大，只要在路由器上设置合适的包过滤，各站点均可获得良好的安全保护。

包过滤不需用户软件支持，也不需要对客户机做特殊设置。

包过滤工作对用户来说是透明的。当包过滤路由器允许包通过时，其表现与普通路由器没什么区别，此时用户感觉不到包过滤功能的存在。只有在某些包被禁入或禁出时，用户才会意识到它的存在。

包过滤系统有许多优点，但它也存在一些缺点和局限性：

在机器中配置包过滤规则比较困难；

对包过滤规则的配置测试也麻烦；

很难找到具有完整功能的包过滤产品。

7.2.3 代理服务技术

1. 代理服务

代理服务是运行在防火墙主机上的特定的应用程序或服务程序。防火墙主机可以是具有一个内部网接口和一个外部网接口的双穴(Duel Homed)主机,也可以是一些可以访问 Internet 并可被内部主机访问的堡垒主机。

这些代理服务程序接受用户对 Internet 服务的请求,并按安全策略转发它们的实际的服务。

所谓代理,就是提供替代连接并充当服务的桥梁(网关)。

代理服务的一大特点就是透明性。

代理服务位于内部用户和外部服务之间。代理程序在幕后处理所有用户和 Internet 服务之间的通信以代替相互间的直接交谈。

对于用户,代理服务器给用户一种直接使用"真正"服务器的感觉;对于真正的服务器,代理服务器给真正服务器一种在代理主机上直接处理用户的假象。

用户将对"真正"服务器的请求交给代理服务器,代理服务器评价来自客户的请求,并作出认可或否认的决定。如果一个请求被认可,代理服务器就代表客户将请求转发给"真正"的服务器,并将服务器的响应返回给代理客户。

代理服务的条件是具有访问 Internet 能力的主机,这样才可作为那些无权访问 Internet 的主机的代理。

代理服务是在双穴主机或堡垒主机上运行的特殊协议或一组协议。它可使一些只能与内部用户交互的主机也可与外界交互。

代理服务器的工作示意图如图 7.4 所示。

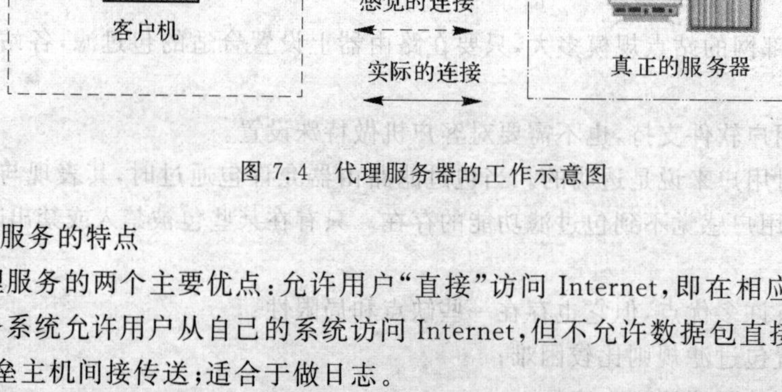

图 7.4 代理服务器的工作示意图

2. 代理服务的特点

(1)代理服务的两个主要优点:允许用户"直接"访问 Internet,即在相应后台软件的支持下,代理服务系统允许用户从自己的系统访问 Internet,但不允许数据包直接传送而是通过双穴主机或堡垒主机间接传送;适合于做日志。

(2)代理服务的缺点:落后于非代理服务;每个代理服务要求不同的服务器;要求对客户或程序进行修改;对某些服务不适合;不能使用户免于协议本身缺点的限制。

3. 代理服务器的实现

(1)应用级代理服务器。

(2)回路级代理服务器。

(3)公共代理服务器(适用于多个协议)。

(4)专用代理服务器(只适用于单个协议)。

(5)智能代理服务器。

7.2.4 状态检测技术

状态检测防火墙又称动态包过滤防火墙。状态检测防火墙在网络层由一个检查引擎截获数据包,抽取出与应用层状态有关的信息,并以此作为依据决定接受或拒绝该数据包。

检查引擎维护一个动态的状态信息表并对后续的数据包进行检查。一旦发现任何连接的参数有意外变化,该连接就被中止。

状态检测防火墙是新一代的防火墙技术,也被称为第三代防火墙。

状态检测防火墙监视每一个有效连接的状态,并根据这些信息决定网络数据包是否能通过防火墙。它在协议底层截取数据包,然后分析这些数据包,并且将当前数据包和状态信息与前一时刻的数据包和状态信息进行比较,从而得到该数据包的控制信息,来达到保护网络安全的目的。

状态检测防火墙克服了包过滤防火墙和应用代理服务器的局限性,能够根据协议、端口及源地址、目的地址的具体情况决定数据包是否可以通过。对于每个安全策略允许的请求,状态检测防火墙启动相应的进程,可以快速地确认符合授权标准的数据包,这使得本身的运行速度很快。

状态检测防火墙试图跟踪通过防火墙的网络连接和包,这样它就可以使用一组附加的标准,以确定是否允许和拒绝通信。状态检测防火墙是在使用了基本包过滤防火墙的通信上应用一些技术来做到这点的。

由状态检测防火墙跟踪的不仅是包中包含的信息,为了跟踪包的状态,防火墙还记录有用的信息以帮助识别包,例如已有的网络连接、数据的传出请求等。

如果在防火墙内正运行一台服务器,配置就会变得稍微复杂一些。例如可以将防火墙配置成只允许从特定端口进入的通信,只可传到特定服务器。如果正在运行 Web 服务器,防火墙只将 80 端口传入的通信发到指定的 Web 服务器。

防火墙的状态监视器还能监视 RPC(远程调用请求)和 UDP 的端口信息。包过滤防火墙和代理服务防火墙都不支持此类端口的检测。

因此,状态检测防火墙的安全特性是最好的,但其配置非常复杂,会降低网络效率。

7.2.5 自适应代理技术

新型的自适应代理(adaptive proxy)防火墙,本质上也属于代理服务技术,但它也结合了动态包过滤(状态检测)技术。

自适应代理技术是在商业应用防火墙中实现的一种革命性的技术。组成这类防火墙的基本要素有两个:自适应代理服务器与动态包过滤器。它结合了代理服务防火墙安全性和包过滤防火墙的高速度等优点,在保证安全性的基础上将代理服务器防火墙的性能提高 10 倍以上。

在自适应代理与动态包过滤器之间存在一个控制通道。在对防火墙进行配置时,用户仅仅将所需要的服务类型、安全级别等信息通过相应代理的管理界面进行设置就可以了。然后,自适应代理就可以根据用户的配置信息,决定是使用代理服务器从应用层代理请求,还是使用动态包过滤器从网络层转发包。如果是后者,它将动态地通知包过滤器增减过滤规则,满足用户对速度和安全性的双重要求。

7.3 防火墙体系结构

防火墙体系结构一般有四种:过滤路由器结构、双穴主机结构、主机过滤结构和子网过滤结构。

7.3.1 过滤路由器结构

过滤路由器结构是最简单的防火墙结构,这种防火墙可以由厂家专门生产的过滤路由器来实现,也可以由安装了具有过滤功能软件的普通路由器实现,如图 7.5 所示。过滤路由器防火墙作为内外连接的唯一通道,要求所有的报文都必须在此通过检查。

路由器上可以安装基于 IP 层的报文过滤软件,实现报文过滤功能。许多路由器本身带有报文过滤配置选项,但一般比较简单。单纯由过滤路由器构成的防火墙的危险包括路由器本身及路由器允许访问的主机。过滤路由器的缺点是一旦被攻击并隐藏后很难被发现,而且不能识别不同的用户。

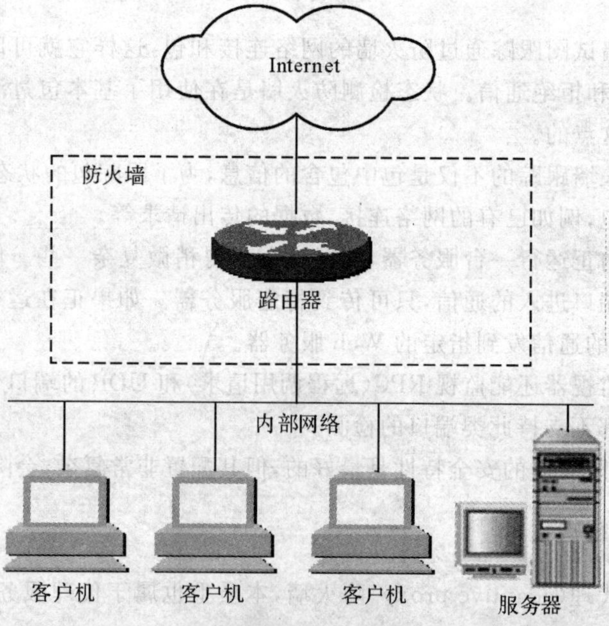

图 7.5 防火墙过滤路由器结构示意图

7.3.2 双穴主机结构

双穴主机有两个接口。这样的主机可担任与这些接口连接的网络路由器,并可从一个网络到另一个网络发送 IP 数据包。

但双穴主机防火墙结构却禁止这种发送。双穴主机可与内部网系统通信,也可与外部网系统通信。借助于双穴主机,防火墙内、外两网的计算机便可(间接)通信了。

双穴主机结构防火墙示意图如图 7.6 所示。

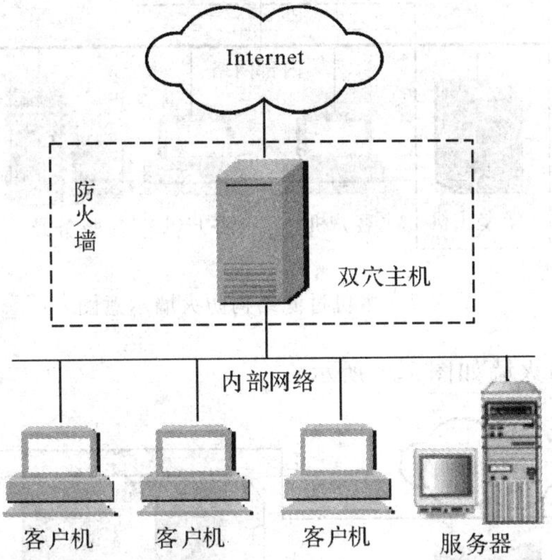

图 7.6 双穴主机结构防火墙示意图

7.3.3 主机过滤结构

主机过滤结构中提供安全保障的主机(堡垒主机)在内部网中,加上一台单独的过滤路由器,一起构成该结构的防火墙。

堡垒主机是 Internet 主机连接内部网系统的桥梁。任何外部系统试图访问内部网系统或服务,都必须连接到该主机上。因此该主机需要高级别安全。

主机过滤结构防火墙如图 7.7 所示。

这种结构中,屏蔽路由器与外部网相连,再通过堡垒主机与内部网连接。来自外部网络的数据包先经过屏蔽路由器过滤,不符合过滤规则的数据包被过滤掉;符合规则的包则被传送到堡垒主机上。其代理服务软件将允许通过的信息传输到受保护的内部网上。

7.3.4 子网过滤结构

子网过滤体系结构添加了额外的安全层到主机过滤体系结构中,即通过添加参数网络,更进一步地把内部网络与 Internet 隔离开。

通过参数网络将堡垒主机与外部网隔开,减少堡垒主机被侵袭的影响。

子网过滤体系结构的最简单的形式为两个过滤路由器,每一个都连接到参数网络上,一个位于参数网与内部网之间,另一个位于参数网与外部网之间。这是一种比较复杂的结构,它提供了比较完善的网络安全保障和较灵活的应用方式。

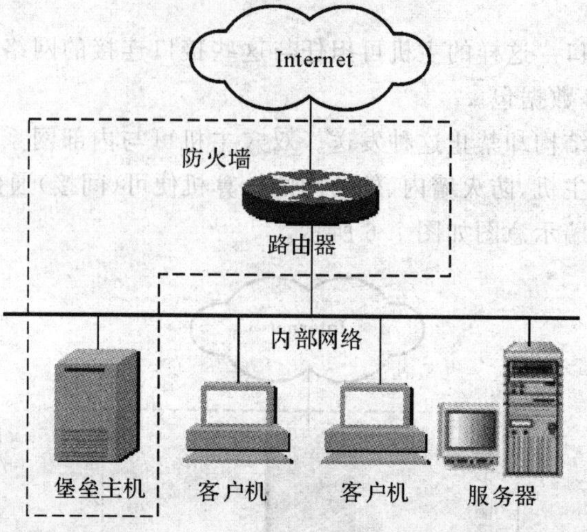

图 7.7　主机过滤结构防火墙示意图

子网过滤体系结构防火墙如图 7.8 所示。

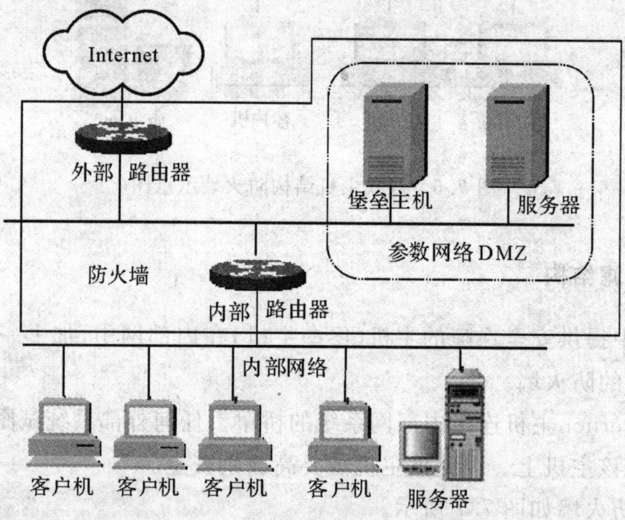

图 7.8　子网过滤体系结构防火墙示意图

1. 参数网络

参数网络也叫周边网络，非军事区地带(demilitarized zone，DMZ)等，它是在内、外部网之间另加的一个安全保护层，相当于一个应用网关。如果入侵者成功地闯过外层保护网到达防火墙，参数网络就能在入侵者与内部网之间再提供一层保护。

如果入侵者仅仅侵入到参数网络的堡垒主机，他只能看到参数网络的信息流而看不到内部网的信息，参数网络的信息流仅往来于外部网到堡垒主机。因为没有内部网主机间的信息流(重要和敏感的信息)在参数网络中流动，所以堡垒主机受到损害也不会破坏内部网的信息流。

2. 堡垒主机

在子网过滤结构中，堡垒主机与参数网络相连，而该主机是外部网服务于内部网的主节点。

在内、外部路由器上建立包过滤，以便内部网的用户可直接操作外部服务器；

在主机上建立代理服务，在内部网用户与外部服务器之间建立间接的连接。

该堡垒主机对内部网的主要服务有：

(1)接收外来电子邮件并分发给相应站点；

(2)接收外来 FTP 并连到内部网的匿名 FTP 服务器；

(3)接收外来的有关内部网站点的域名服务。

3. 内部路由器

内部路由器的主要功能是保护内部网免受来自外部网与参数网络的侵扰。

内部路由器可以设定，使参数网络上的堡垒主机与内部网之间传递的各种服务和内部网与外部网之间传递的各种服务不完全相同。

内部路由器完成防火墙的大部分包过滤工作，它允许某些站点的包过滤系统认为符合安全规则的服务在内、外部网之间互传。

根据各站点的需要和安全规则，可允许如下的外向服务：Telnet，FTP，WAIS，Archie，Gopher 或者其他服务。

4. 外部路由器

外部路由器既可保护参数网络又可保护内部网。实际上，在外部路由器上仅做一小部分包过滤，它几乎让所有参数网络的外向请求通过。它与内部路由器的包过滤规则是基本上相同的。

外部路由器的包过滤主要是对参数网络上的主机提供保护。一般情况下，因为参数网络上主机的安全主要通过主机安全机制加以保障，所以由外部路由器提供的很多保护并非必要。

外部路由器真正有效的任务是阻隔来自外部网上伪造源地址进来的任何数据包。这些数据包自称来自内部网，其实它们是来自外部网。

7.3.5　不同结构防火墙的组合

(1)使用多堡垒主机；

(2)合并内部路由器与外部路由器；

(3)合并堡垒主机与外部路由器；

(4)合并堡垒主机与内部路由器；

(5)使用多台内部路由器；

(6)使用多台外部路由器；

(7)使用多个参数网络；

(8)使用双穴主机与子网过滤。

第 8 章　电子邮件安全和 IP 安全

8.1　电子邮件安全

现代信息社会，在电子邮件广受欢迎的同时，其安全性问题也很突出。实际上，电子邮件的传送过程是邮件在网络上反复复制的过程，其网络传输路径不确定，很容易遭到不明身份者的窃取、篡改、冒用甚至恶意破坏，给收发双方带来麻烦。进行信息加密，保障电子邮件的传输安全已经成为广大 E－mail 用户的迫切要求。PGP 的出现与应用很好地解决了电子邮件的安全传输问题，将传统的对称性加密与公开密钥加密方法结合起来，兼备了两者的优点。PGP 提供了一种机密性和鉴别的服务支持。1 024 位的公开密钥与 128 位的传统加密算法，可以用于军事目的，完全能够满足电子邮件对于安全性能的要求。

8.1.1　操作描述

PGP 的实际操作由五种服务组成：鉴别、机密性、电子邮件的兼容性、压缩、分段和重装。

1. 鉴别

鉴别过程如图 8.1 所示。

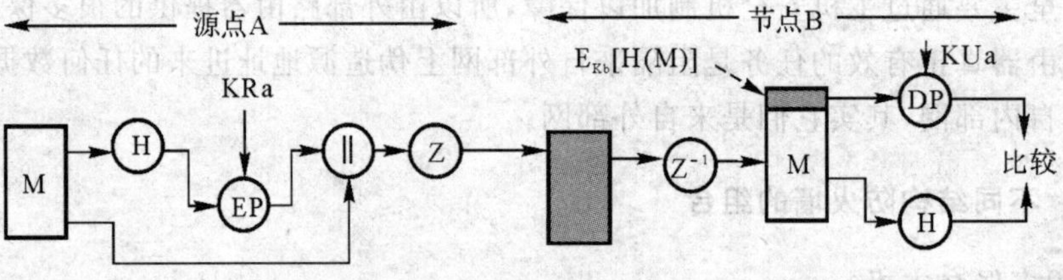

图 8.1　鉴别示意图

步骤如下：

(1)发送者创建报文。

(2)发送者使用 SH－1 生成报文的 160 位散列代码(邮件文摘)。

(3)发送者使用自己的私有密钥，采用 RSA 算法对散列代码进行加密，串接在报文的前面。

(4)接收者使用发送者的公开密钥，采用 RSA 解密和恢复散列代码。

(5)接收者为报文生成新的散列代码，并与被解密的散列代码相比较，如果两者匹配，则报文作为已鉴别的报文而接收。

另外，签名是可以分离的，例如法律合同，需要多方签名。每个人的签名是独立的，因而可以仅应用到文档上。否则,签名将只能递归使用。第二个签名对文档的第一个签名进行签名,依此类推。

2. 机密性

在 PGP 中,每个常规密钥只使用一次,即对每个报文生成新的 128 位的随机数。为了保护密钥,使用接收者的公开密钥对它进行加密。图 8.2 显示了这一步骤,描述如下:

(1)发送者生成报文和用作该报文会话密钥的 128 位的随机数。

(2)发送者采用 CAST－128 加密算法,使用会话密钥对报文进行加密。也可使用 IDEA 或 3DES。

(3)发送者采用 RSA 算法,使用接收者的公开密钥对会话密钥进行加密,并附加到报文前面。

(4)接收者采用 RSA 算法,使用自己的私有密钥解密和恢复会话密钥。

(5)接收者使用会话密钥解密报文。

除了使用 RSA 算法加密外,PGP 还提供了 Diffie－hellman 的变体 ELGamal 算法。

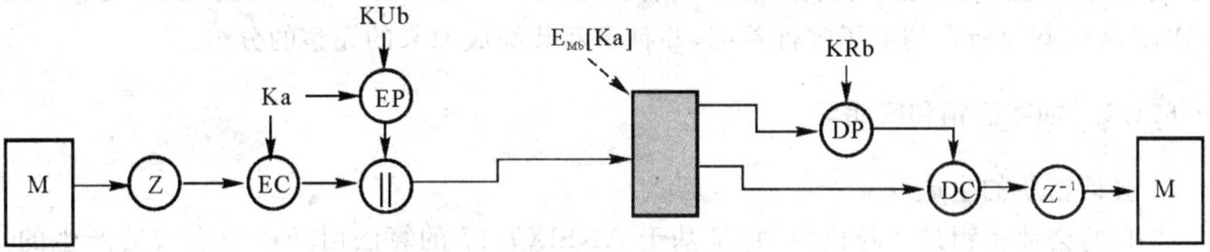

图 8.2　加密示意图

3. 常规加密和公开加密结合的优点

(1)常规加密和公开密钥加密结合使用比直接使用 RSA 或 ELGamal 要快得多。

(2)使用公开密钥算法解决了会话密钥分配问题。

(3)由于电子邮件的存储转发特性,使用握手协议来保证双方具有相同会话密钥的方法是不现实的,而使用一次性的常规密钥加强了已经很强的常规加密方法。

4. 机密与鉴别

如图 8.3 所示,对报文可以同时使用两个服务。首先为明文生成签名并附加到报文首部,然后使用 CAST－128(或 IDEA,3DES)对明文报文和签名进行加密,再使用 RSA(或 ELGamal)对会话密钥进行加密。

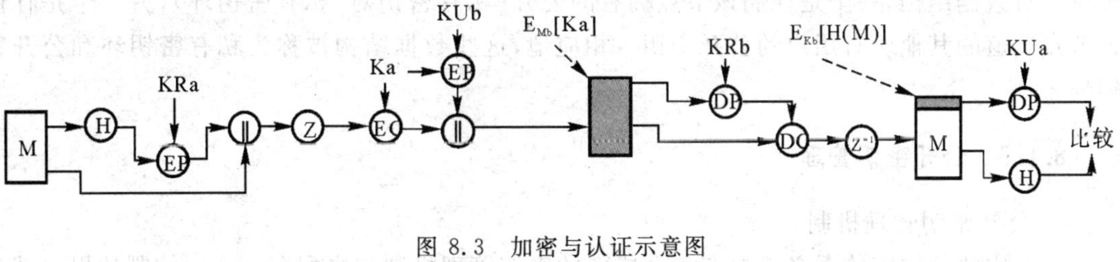

图 8.3　加密与认证示意图

在这里要注意次序,如果先加密再签名的话,别人可以将签名去掉后签上自己的签名,从而篡改签名。

5. 电子邮件的兼容性

当使用 PGP 时，至少传输报文的一部分需要加密，因此部分或全部的结果报文由任意 8 位字节流组成。但由于很多的电子邮件系统只允许使用由 ASCII 正文组成的块，所以 PGP 提供了 radix－64(就是 MIME 的 BASE64 格式)转换方案，将原始二进制流转化为可打印的 ASCⅡ字符。

6. 压缩

PGP 在加密前进行预压缩处理，PGP 内核使用 PKZIP 算法压缩加密前的明文。一方面对电子邮件而言，压缩后再经过 radix－64 编码有可能比明文更短，这就节省了网络传输的时间和存储空间；另一方面，明文经过压缩，实际上相当于经过一次变换，对明文攻击的抵御能力更强。

7. 分段和重装

电子邮件设施经常受限于最大报文长度(50 000)个八位组的限制。超过这个值，报文将分成更小的报文段，每个段单独发送。分段是在所有其他的处理(包括 radix－64 转换)完成后才进行的，因此，会话密钥部分和签名部分只在第一个报文段的开始位置出现一次。在接收端，PGP 必须剥掉所在的电子邮件首部，并且重新装配成原来的完整的分组。

8.1.2 加密密钥和密钥环

1. 会话密钥的生成

PGP 的会话密钥是个随机数，它是基于 ANSIX9.17 的算法由随机数生成器产生的。随机数生成器从用户敲键盘的时间间隔上取得随机数种子。对于磁盘上的 randeseed.bin 文件是采用和邮件同样强度的加密。这有效地防止了他人从 randeseed.bin 文件中分析出实际加密密钥的规律。

2. 密钥标志符

允许用户拥有多个公开-私有密钥对：①不时改变密钥对；②同一时刻，多个密钥对在不同的通信组交互。所以用户和他们的密钥对之间不存在一一对应关系。假设 A 给 B 发信，B 就不知道用哪个私钥和哪个公钥认证。因此，PGP 给每个用户公钥指定一个密钥 ID，这在用户 ID 中可能是唯一的。它由公钥的最低 64 位组成($KUa \bmod 2^{64}$)这个长度足以使密钥 ID 重复概率非常小。

3. 密钥环

密钥需要以一种系统化的方法来存储和组织，以便有效和高效地使用。PGP 在每个节点提供一对数据结构，一个是存储该节点拥有的公开-私有密钥对(私有密钥环)，另一个是存储该节点知道的其他所有用户的公开密钥。相应地，这些数据结构被称为私有密钥环和公开密钥环。

8.1.3 公开密钥管理

1. 公开密钥管理机制

一个成熟的加密体系必然要有一个成熟的密钥管理机制与之配套。公钥体制的提出就是为了解决传统加密体系的密钥分配过程不安全、不方便的缺点。例如网络黑客们常用的手段之一就是“监听”，通过网络传送的密钥很容易被截获。对 PGP 来说，公钥本来就是要公开，就没有防监听的问题。但公钥的发布仍然可能存在安全性问题，例如公钥被篡改，使得使用的公钥与公钥持有人的公钥不一致。这在公钥密码体系中是很严重的安全问题。因些必须帮助用户确信使用的公钥是与他通信的对方的公钥。

以用户 A 和用户 B 通信为例，现假设用户 A 想给用户 B 发信。首先用户 A 就必须获取用户 B 的公钥，用户 A 从 BBS 上下载或通过其他途经得到 B 的公钥，并用它加密信件发给 B。不幸的是，用户 A 和 B 都不知道，攻击者 C 潜入 BBS 或网络中，侦听或截取到用户 B 的公钥，然后在自己的 PGP 系统中以用户 B 的名字生成密钥对中的公钥，替换了用户 B 的公钥，并放在 BBS 上或直接以用户 B 的身份把更换后的用户 B 的“公钥”发给用户 A。那 A 用来发信的公钥是已经更改过的，实际上是 C 伪装 B 生成的另一个公钥(A 得到的 B 的公钥实际上是 C 的公钥-密钥对，用户名为 B)。这样一来 B 收到 A 的来信后就不能用自己的私钥解密了。更可恶的是，用户 C 还可伪造用户 B 的签名给 A 或其他人发信，因为 A 手中的 B 的公钥是仿造的，用户 A 会以为真是用户 B 的来信。于是 C 就可以用他手中的私钥来解密 A 给 B 的信，还可以用 B 真正的公钥来转发 A 给 B 的信，甚至还可以改动 A 给 B 的信。

2. 防止篡改的方法

(1)直接从 B 手中得到其公钥，这种方法有局限性。

(2)通过电话认证密钥；在电话上以 radix－64 的形式口述密钥或密钥指纹。密钥指纹(keys fingerprint)就是 PGP 生成密钥 160 位的 SHA－1 摘要。

(3)从双方信任的 D 那里获得 B 的公钥。如果 A 和 B 有一个共同的朋友 D，而 D 知道他手中的 B 的公钥是正确的。D 签名的 B 的公钥上载到 BBS 上让用户去拿，A 想要取得公钥就必须先获取 D 的公钥来解密 BBS 或网上经过 D 签名的 B 的公钥，这样就等于加了双重保险，一般没有可能去篡改而不被用户发现，即使是 BBS 管理员。这就是从公共渠道传递公钥的安全手段。有可能 A 拿到的 D 或其他签名的朋友的公钥也是假的，但这就要求攻击者必须对三人甚至很多人都很熟悉，这样的可能性不大，而且必须经过长时间的策划。

只通过一个签名公证力度可能是小了一点，于是 PGP 把用不同私钥签名的公钥收集在一起，发送到公共场合，希望大部分人至少认识其中一个，从而间接认证了用户 A 的公钥。同样用户 D 签了朋友 A 的公钥后应该寄回给 A，这样就可以让 A 通过 D 被 D 的其他朋友所认证。与现实中人的交往一样。PGP 会自动根据用户拿到的公钥分析出哪些是朋友介绍来的签名的公钥，把它们赋以不同的信任级别，供用户参考决定对它们的信任程度。也可指定某人有几层转介公钥的能力，这种能力随着认证的传递而递减的。

(4)由一个普遍信任的机构即“认证机构”担当第三方，这样的“认证机构”适合由非个人控制的组织或政府机构充当，来注册和管理用户的密钥对。现在已经有等级认证制度的机构存在，如广东省电子商务电子认证中心(www.cnca.net)就是一个这样的认证机构。对于那些非常分散的用户，PGP 更赞成使用私人方式的密钥转介。

3. 信任的使用

PGP 为公开密钥附加信任和开发信任作息提供了一种方便的方法。

公开密钥环的每个实体都是一个公开的密钥证书。与每个这样的实体相联系的是密钥合法性字段，用来指示 PGP 信任“这是这个用户合法的公开密钥”的程度；信任程度越高，这个用户 ID 与这个密钥的绑定越紧密；这个字段由 PGP 计算；与每个实体相联系的还有用户收集的多个签名；反过来，每个签名都带有签名信任字段，用来指示该 PGP 用户信任签名者对这个公开密钥证明的程度;密钥合法性字段是从这个实体的一组签名信任字段中推导出来的;最后,每个实体定义了与特定的拥有者相联系的公开密钥,包括拥有者信任字段,用来指示这个公开密钥对其他公开密钥证书进行签名的信任程度(这个信任程度是由该用户指定的)。可以把签名信任字段看成是来自于其他实体的拥有者信任字段的副本。

例如正在处理用户 A 的公开密钥环,操作描述如下:

(1)当 A 在公开密钥环中插入了新的公开密钥时,PGP 为与这个公开密钥拥有者相关联的信任标志赋值,插入 KUa,则赋值=1,终极信任;否则,需说明这个拥有者是未知的、不可信任的、少量信任的和完全可信的等,赋以相应的权重值 1/x,1/y 等。

(2)当新的公开密钥输入时,可以在它上面附加一个或多个签名,以后还可以增加更多的签名。在实体中插入签名时,PGP 在公开密钥环中搜索,查看这个签名的作者是否属于已知的公开密钥拥有者。如果是,为这个签名的 SIGTRUST 字段赋以该拥有者的 OWNER-TRUST 值。否则,赋以不认识的用户值。

(3)密钥合法性字段的值是在这个实体的签名信任字段的基础上计算的。如果至少一个签名具有终极信任的值,那么密钥合法性字段的值设置为完全;否则,PGP 计算信任值的权重和。对于总是可信任的签名赋以 1/x 的权重,对于通常可信任的签名赋以权重 1/y,其中 x 和 y 都是用户可配置的参数。当中介的密钥/用户 ID 绑定的权重总和达到 1 时,绑定被认为是值得信任的,密钥合法性被设置为完全。因此,在没有终极信任的情况下,需要至少 x 个签名总是可信的,或者至少 y 个签名是可信的,或者上述两种情况的某种组合。如图 8.4 所示。

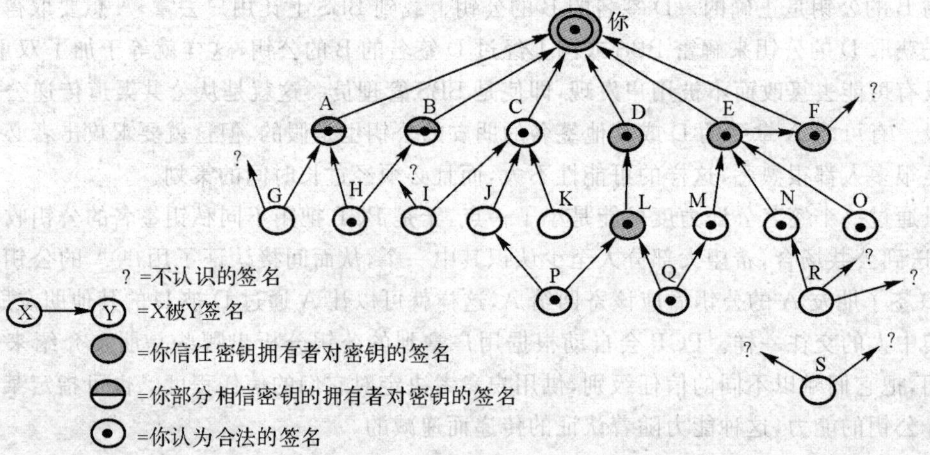

图 8.4 PGP 信任模型

总之,PGP 采用了 RSA 和传统加密的杂合算法,用于数字签名的邮件文摘算法、加密前压缩等,可以用来加密文件,还可以代替 UUencode 生成 RADIX - 64 格式(就是 MIME 的 BASE64 格式)的编码文件。PGP 创造性地把 RSA 公钥体系的方便和传统加密体系的高速度结合起来,并且在数字签名和密钥认证管理机制上有巧妙的设计;这是目前最难破译的密码体系之一;用户通过 PGP 的软件加密程序,可以在不安全的通信链路上创建安全的消息和通信。PGP 协议已经成为公钥加密技术和全球范围内消息安全性的事实标准。因为所有人都能看到它的源代码,从而查找出故障和安全性漏洞。

8.2 IP 安全

IP 包本身并不继承任何安全特性。很容易便可伪造出 IP 包的地址、修改其内容、重播以前的包以及在传输途中拦截并查看包的内容。因此，我们不能担保收到的 IP 数据报：①来自原先要求的发送方（IP 头内的源地址）；②包含的是发送方当初放在其中的原始数据；③原始数据在传输中途未被其他人看过。针对这些问题，IPSec 可有效地保护 IP 数据报的安全。它采取的具体保护形式包括：数据起源地验证，无连接数据的完整性验证，数据内容的机密性（是否被别人看过），抗重播保护，以及有限的数据流机密性保证。

IPSec 提供了一种标准的、健壮的以及包容广泛的机制，可用它为 IP 及上层协议（如 UDP 和 TCP）提供安全保证。它定义了一套默认的、强制实施的算法，以确保不同的实施方案相互间可以共通。而且假若想增加新的算法，其过程也是非常直接的，不会对共通性造成破坏。IPSec 为保障 IP 数据报的安全，定义了一个特殊的方法，它规定了要保护什么通信，如何保护它以及通信数据发给何人。IPSec 可保障主机之间、网络安全网关（如路由器或防火墙）之间或主机与安全网关之间的数据包的安全。由于受 IPSec 保护的数据报本身不过是另一种形式的 IP 包，所以完全可以嵌套提供安全服务，同时在主机之间提供像端到端这样的验证，并通过一个通道，将那些受 IPSec 保护的数据传送出去（通道本身也通过 IPSec 受到安全网关的保护）。

要想对 IP 数据报或上层协议进行保护，方法是使用某种 IPSec 协议："封装安全载荷（ESP）"或者"验证头（AH）"。其中，AH 可证明数据的起源地、保障数据的完整性以及防止相同数据包的不断重播。ESP 则更进一步，除具有 AH 的所有能力之外，还可选择保障数据的机密性，以及为数据流提供有限的机密性保障。由于 ESP 具有 AH 的全部功能，那么为何还要设计 AH 呢？事实上，这个问题在数据安全领域已辩论了很久。两者间一项细微的差异是验证所覆盖的范围。后面的章节还会对此作更详细的讨论。

应注意的是，AH 或 ESP 所提供的安全保障完全依赖于它们采用的加密算法。针对一致性测试，以及为保证不同实施方案间的互通性，定义了一系列需要强制实行的加密算法。这些算法可提供常规性质的安全保障，然而加密技术的最新进展以及摩尔定律的连续证明（观察家认为每隔 18 个月，计算能力便增加一倍），使得默认的加密算法（采用 CBC 模式的 DES）不适合高度密集的数据，也不适合需要必须超长时期保密的数据。

IPSec 提供的安全服务需要用到共享密钥，以执行它所肩负的数据验证以及（或者）机密性保证任务。为此，强制实现了一种机制，以便为这些服务人工增加密钥。这样便可确保基本 IPSec 协议间的互通性（相互间可以操作）。当然，采用人工增加密钥的方式，未免会在扩展（伸缩）能力上大打折扣。因此，还定义了一种标准的方法，用以动态地验证 IPSec 参与各方的身份、协商安全服务以及生成共享密钥等等。这种密钥管理协议称为 Internet 密钥交换（InternetKeyExchange，IKE）。

随 IPSec 使用的共享密钥既可用于一种对称加密算法（在需要保障数据的机密性时），亦可用于经密钥处理过的 MAC（用于确保数据的完整性），或者同时应用于两者。IPSec 的运算速度必须够快，而现有公共密钥技术（如 RSA 或 DSS）的速度均不够快，以至于无法流畅地、逐个数据包地进行加密运算。目前，公共密钥技术仍然限于在密钥交换期间完成一些初始的验证工作。

8.2.1 结构

IPSec 的结构文档(或基本架构文档)RFC2401,定义了 IPSec 的基本结构,所有具体的实施方案均建立在它的基础之上。它定义了 IPSec 提供的安全服务,它们如何使用以及在哪里使用,数据包如何构建及处理,以及 IPSec 处理同策略之间如何协调,等等。

IPSec 协议(包括 AH 和 ESP)既可用来保护一个完整的 IP 载荷,亦可用来保护某个 IP 载荷的上层协议。这两方面的保护分别是由 IPSec 两种不同的“模式”来提供的,如图 8.5 所示。其中,传送模式用来保护上层协议,而通道模式用来保护整个 IP 数据报。在传送模式中,IP 头与上层协议头之间需插入一个特殊的 IPSec 头;而在通道模式中,要保护的整个 IP 包都需封装到另一个 IP 数据报里,同时在外部与内部 IP 头之间插入一个 IPSec 头。两种 IPSec 协议(AH 和 ESP)均能同时以传送模式或通道模式工作。

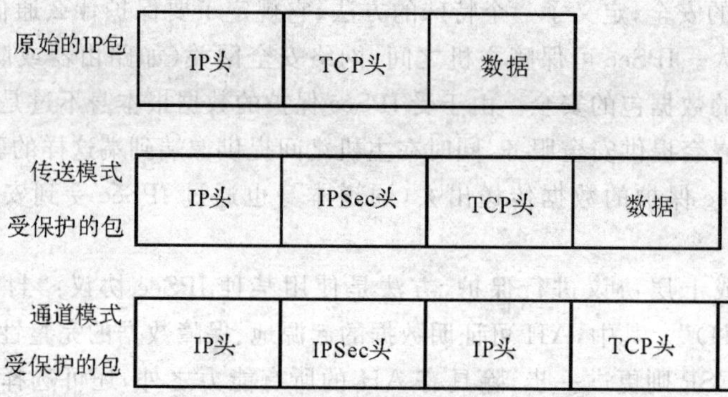

图 8.5 分别处于传送模式和通道模式下的、受 IPSec 保护的 IP 包

由构建方法所决定,对传送模式所保护的数据包而言,其通信终点必须是一个加密的终点。有时可用通道模式来取代传送模式,而且也许能由安全网关使用,来保护与其他联网实体(比如一个虚拟专用网络)有关的安全服务。在后一种情况下,通信终点便是由受保护的内部头指定的地点,而加密终点则是那些由外部 IP 头指定的地点。在 IPSec 处理结束的时候,安全网关会剥离出内部 IP 包,再将那个包转发到它最终的目的地。

前面已经说过,IPSec 既可在终端系统上实现,亦可在某种安全网关上实现(如路由器及防火墙)。典型情况下,这是通过直接修改 IP 堆栈来实现的,以便从最基本的层次支持 IPSec。但倘若根本无法访问一部机器的 IP 堆栈,便需将 IPSec 实现成为一个“堆栈内的块(Bump In The Stack,BITS)”或者“线缆内的块(Bump In The Wire,BITW)”。前者通常以一个额外的“填充物”的形式出现,负责从 IP 堆栈提取数据包,处理后再将其插入;而后者通常是一个外置的专用加密设备,可单独设定地址。

为正确封装及提取 IPSec 数据包,有必要采取一套专门的方案,将安全服务/密钥与要保护的通信数据联系到一起;同时要将远程通信实体与要交换密钥的 IPSec 数据传输联系到一起。换言之,要解决如何保护通信数据、保护什么样的通信数据以及由谁来实行保护的问题。这样的构建方案称为“安全联盟(Security Association,SA)”。IPSec 的 SA 是单向进行的。也就是说,它仅朝一个方向定义安全服务,要么对通信实体收到的包进行“进入”保护,要么对实体外发的包进行“外出”保护。具体采用什么方式，要由三方面的因素决定：第一个是“安全参数索引(SPI)”，该索引存在于 IPSec 协议头内；第二个是 IPSec 协议值；第三个是要向其应用SA 的目标地址，它同时决定了方向。通常，SA 是以成对的形式存在的，每个朝一个方向。既可人工创建，亦可采用动态方式创建。SA 驻留在“安全联盟数据库(SADB)”内。

若用人工方式加以创建，SA 便没有“存活时间”的说法。除非再用人工方式将其删除，否则便会一直存在下去。若用动态方式创建，则 SA 有一个存活时间与其关联在一起。这个存活时间通常是由密钥管理协议在 IPSec 通信双方之间加以协商而确立下来的。一个密钥保持活动以及使用的时间必须加以谨慎地管理。若超时使用一个密钥，会为攻击者侵入系统提供更多的机会。

IPSec 的基本架构定义了用户能以多大的精度来设定自己的安全策略。这样一来，某些通信便可大而化之，为其设置某一级的基本安全措施；而对其他通信则可谨慎对待，为其应用完全不同的安全级别。举个例子来说，可在一个网络安全网关上制订 IPSec 策略，对在其本地保护的子网与远程网关的子网间通信的所有数据，全部采用 DES 加密，并用 HMAC－MD 进行验证；另外，从远程子网发给一个邮件服务器的所有 Telnet 数据均用 3DES 进行加密，同时用 HMAC－SHA 进行验证；最后对于需要加密的、发给另一个服务器的所有 Web 通信数据则用 IDEA 满足其加密要求，同时用 HMAC－RIPEMD 进行验证。

上述例子中的各独立子网的 IPSec 通信过程如图 8.6 所示。

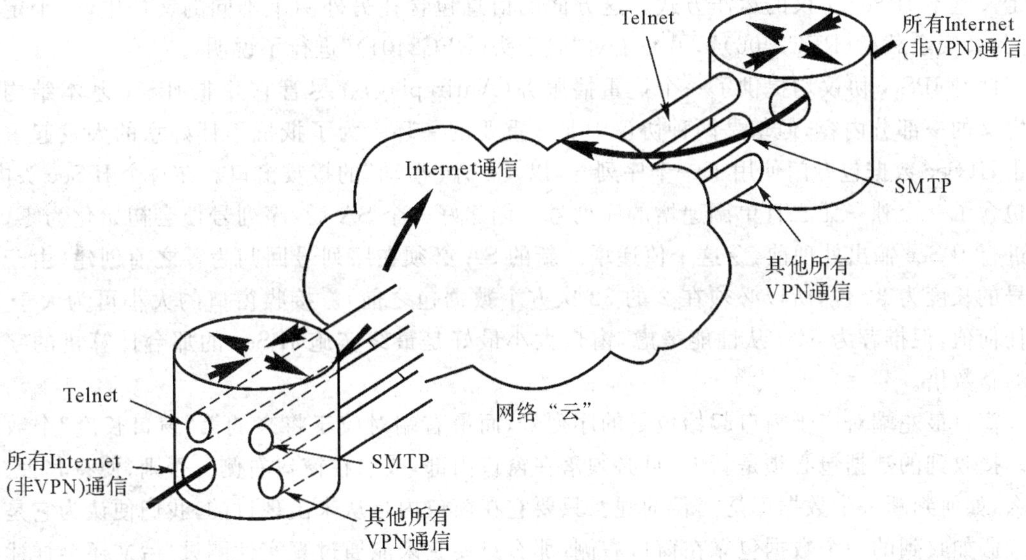

图 8.6　在各自独立的网络之间、受 IPSec 保护的数据流

IPSec 策略由“安全策略数据库(Security Policy Database，SPD)”加以维护。在 SPD 这个数据库中，每个条目都定义了要保护的是什么通信、怎样保护它以及和谁共享这种保护。对于进入或离开 IP 堆栈的每个包，都必须检索 SPD 数据库，调查可能的安全应用。对一个 SPD 条目来说，它可能定义了下述几种行为：丢弃、绕过以及应用。其中，“丢弃”表示不让这个包进入或外出；“绕过”表示不对一个外出的包应用安全服务，也不指望一个进入的包进行了保密处理；而“应用”是指对外出的包应用安全服务，同时要求进入的包已应用了安全服务。对那些定

义了“应用”行为的SPD条目，它们均会指向一个或一套SA，表示要将其应用于数据包。

IPSec通信到IPSec策略的映射关系是由“选择符(Selector)”来建立的。选择符标识通信的一部分组件，它既可以是一个粗略的定义，也可以是一个非常细致的定义。IPSec选择符包括：目标IP地址、源IP地址、名字、上层协议、源和目标端口以及一个数据敏感级(假如也为数据流的安全提供了一个IPSec系统)。这些选择符的值可能是特定的条目、一个范围或者是一个“不透明”。在策略规范中，选择符之所以可能出现“不透明”的情况，是由于在那个时刻，相关的信息也许不能提供给系统。举个例子来说，假定一个安全网关同另一个安全网关建立了IPSec通道，它可指定在该通道内传输的(部分)数据是网关背后的两个主机之间的IPSec通信。在这种情况下，两个网关都不能访问上层协议或端口，因为它们均被终端主机进行了加密。“不透明”亦可作为一个通配符使用，表明选择符可为任意值。

假定某个SPD条目将行为定义为“应用”，但并不指向SADB数据库内已有的任何一个SA，那么在进行任何实际的通信之前，首先必须创建那些SA。如果这个规则用于自外入内的“进入(Inbound)”通信，而且SA尚不存在，则按照IPSec基本架构的规定，数据包必须丢弃。假如该规则用于自内向外的“外出(Outbound)”通信，则通过Internet密钥交换，便可动态地创建SA。

IPSec结构定义了SPD和SADB这两种数据库之间如何沟通，这是通过IPSec处理功能—封装与拆封来实现的。此外，它还定义了不同的IPSec实施方案如何共存。然而，它却没有定义基本IPSec协议的运作方式。这方面的信息包含在另外两个不同的文件中，一个定义了“封装安全载荷(RFC2406)”，另一个对“验证头(RFC2401)”进行了说明。

两种IPSec协议均提供了一个抗重播服务(Antireplay)。尽管它并非IPSec基本结构明确定义的一部分内容，但却是两种协议中非常重要的一环。为了抵抗不怀好意的人发起重播攻击，IPSec数据包专门使用了一个序列号，以及一个“滑动”的接收窗口。在每个IPSec头内，都包含了一个独一无二且单调递增的序列号。创建好一个SA后，序列号便会初始化为零，并在进行IPSec输出处理前，令这个值递增。新的SA必须在序列号回归为零之前创建(由于序列号的长度为32位，所以必须在2的32次方个数据包之前)。接收窗口的大小可为大于32的任何值，但推荐为64。从性能考虑，窗口大小最好是最终实施IPSec的那台计算机的字长度的整数倍。

窗口最左端对应于窗口起始位置的序列号，而最右端对应于将来的第“窗口长度”个数据包。接收到的数据包必须是新的，且必须落在窗口内部，或靠在窗口右侧。否则，便将其丢弃。那么，如何判断一个数据库是“新”的呢？只要它在窗口内是从未出现过的，我们便认为它是新的。假如收到的一个数据包靠在窗口右侧，那么只要它未能通过真实性测试(后文还会详述)，也会将其丢弃。如通过了真实性检查，窗口便会向右移动，将那个包包括进来。注意数据包的接收顺序可能被打乱，但仍会得到正确的处理。还要注意的是那些接收迟的数据包(也就是说，在一个有效的数据包之后接收，但其序列号大于窗口的长度)，这种数据包会被丢弃。

重播窗口的结构如图8.7所示。尽管由于长度仅为16位，所以是不符合规定的，但如仅出于演示之目的，它还是非常适合我们的。图8.7窗口最左端的序列号为N，最右端的序列号自然为N+15。编号为N，N+7，N+9，N+16和N+18以及之后的数据包尚未收到(以阴影表示)。如果最近收到的数据包N+17通过了真实性检查，窗口便会向右滑动一个位置，使窗口左侧变成N+2，右侧变成N+17。这样便会造成数据包N无可挽回地丢弃，因为它现在变成靠在滑动接收窗口的左侧。但要注意的是，倘若包 N＋23 未接收到，而且事先通过了真实性检查，N＋7 这个包仍会被收到。

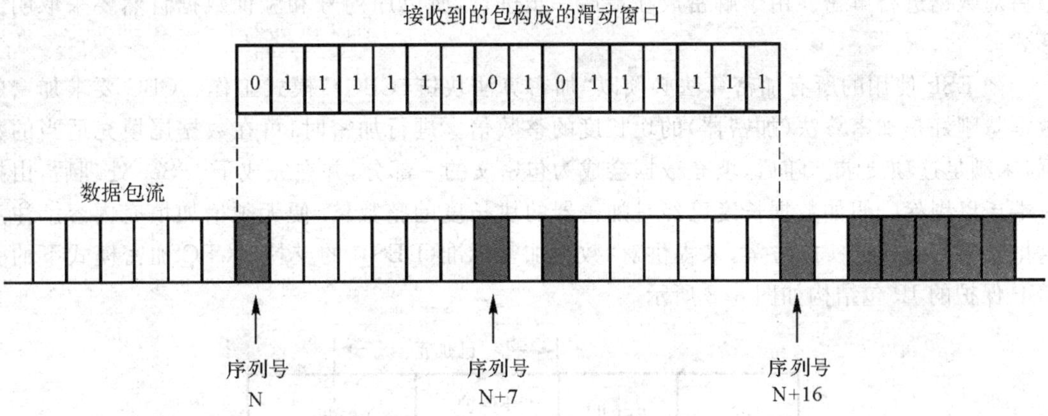

图 8.7　一个 16 位的滑动重播窗口

要注意的一点是，除非造成窗口向前滑动的那个包通过了真实性检查，否则窗口是不会真的前进的。否则的话，攻击者便可生成伪造的包，为其植入很大的序列号，令窗口错误移至有效序列号的范围之外，造成我们将有效的数据包错误地丢失。

8.2.2　封装安全载荷

ESP(Encapsulating Security Payload)是属于 IPSec 的一种协议，可用于确保 IP 数据包的机密性(未被别人看过)、数据的完整性以及对数据源的身份验证。此外，它也要负责对重播攻击的抵抗。具体做法是在 IP 头(以及任何 IP 选项)之后，并在要保护的数据之前，插入一个新头，亦即 ESP 头。受保护的数据可以是一个上层协议，或者是整个 IP 数据报。最后，还要在最后追加一个 ESP 尾。ESP 是一种新的 IP 协议，对 ESP 数据包的标识是通过 IP 头的协议字段来进行的。假如它的值为 50，就表明这是一个 ESP 包，而且紧接在 IP 头后面的是一个 ESP 头。在 RFC2406 文件中，对 ESP 进行了详细的定义。

此外，RFC1827 还定义了一个早期版本的 ESP。该版本的 ESP 没有提供对数据完整性的支持，IPSec 工作组现在强烈反对继续使用它。以 RFC1827 为基础，目前已有几套具体的实施方案。但它们都会被最新的 ESP 定义所取代。

由于 ESP 同时提供了机密性以及身份验证机制，所以在其 SA 中必须同时定义两套算法——用来确保机密性的算法叫作一个 cipher(加密器)，而负责身份验证的叫作 authenticator(验证器)。每个 ESPSA 都至少有一个加密器和一个验证器。我们亦可定义 NULL 加密器或 NULL 验证器，分别令 ESP 不作加密和不作验证(NULL 是“空”的意思)。但在单独一个 ESPSA 内，假如同时定义了一个 NULL 加密器和一个 NULL 验证器，却是非法的。因为这样做不仅为系统带来了无谓的负担，也毫无安全保证可言。在此要特别强调一点，假如拿一种安全协议来做不安全的事情，甚至比一开始就不用安全协议还要糟！因为这可能造成安全的假象。ESP 具有安全保密特性，所以千万不要以明显不安全的形式使用。

ESP 头并未加密，但 ESP 尾的一部分却进行了加密。然而，要使一个接收端能对包进行正常处理，使用明文便已足够了。由于采用了 SPI，同时这个包的 IP 头还附有目标 IP 地址，所以为标识一个 SA,它必须采用明文形式。除此以外,序列号和验证数据也必须是明文,不可加密。这是由 ESP 包的指定处理顺序所决定的:首先查验序列号,然后查验数据的完整性,最后对数据进行解密。由于解密放在最后一步进行,所以序列号和验证数据自然要采取明文形式。

随 ESP 使用的所有加密算法必须以"加密算法块链(CBC)"模式工作。CBC 要求加密的数据量刚好是加密算法(加密器)的块长度的整数倍。进行加密时,可在数据尾填充适当的数据,来满足这项要求。随后,填充数据会成为包密文的一部分,并在完成了 IPSec 处理后,由接收端予以剔除。假如数据长度已经是加密器的块长度的整数倍,便无须增加填充内容。注意这里要采用恰当的实施方案,来提供对"数据加密标准(DES)"的支持。CBC 加密模式下的受 ESP 保护的 IP 包结构如图 8.8 所示。

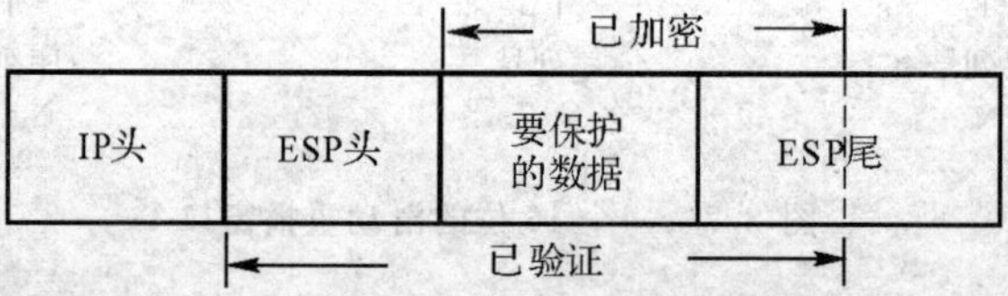

图 8.8 一个受 ESP 保护的 IP 包

CBC 模式中的加密器也要求一个初始矢量(IV)来启动加密过程。这个 IV 包含在载荷字段内,通常是第一批字节。然而,最终还是要由特定的算法规范来作出决定,定义 IV 包含在什么地方,同时定义 IV 的大小。对 DES - CBC 来说,IV 是受保护数据字段的头 8 个字节。

如前所述,ESP 既有一个头,也有一个尾,其间封装了要保护的数据。其中,头部分包含了 SPI 和序列号,而尾部则包含了填充数据(如果有的话)、与填充数据的长度有关的一个指示符、ESP 后的数据采用的协议以及相关的验证数据。验证数据的长度取决于采用的是何种验证器。此时需采用恰当的实施方案,以同时提供对 HMAC - MD5 和 HMAC - SHA 这两种"验证器"的正确支持,输出数据的长度是 96 位。然而,大家会注意到这两个 MAC 会产生长度不同的摘要。其中,HMAC - MD5 产生一个 128 位的摘要,而 HMAC - SHA 产生一个 160 位的摘要。这样做并没有什么不妥,因为只有摘要的高 96 位才被用作 ESP 的验证数据。之所以决定使用 96 位,是由于它能与 IPv6 很好地协调。

至于将 MAC 的输出截去一部分是否安全,目前仍然颇有争议。但大多数人都认为,这种做法并不存在先天性的安全问题。而且事实上,它或许还能增大一定的安全系数。但无论对两个必需的验证器(验证算法)具体如何处理,以后新问世的验证器也许能为任意长度,而且通过填充数据来确保与规范的符合。

ESP 规范规定了 ESP 头的格式、采用的传送模式或通道模式时头的位置、输出数据处理、输入数据处理以及另外一些信息(比如分段和重新装配等)。ESP 规范对随 ESP 使用的转码方案提出了具体要求,但却没有指出那些转码方案到底是什么。这方面的资料要由单独的转码规则来给出。目前,有一份文件描述了如何将 DES - CBC 作为 ESP 的加密算法使用;另外两份文件则描述了如何利用对 HMAC - MD5 和 HMAC - SHA 输出的截取,来实现对 ESP 的验证。其他加密算法文档包括 Blowfish - CBC,CAST - CBC 以及 3DES - CBC(均可选为最终的实施方案)。

8.2.3　验证头(AH)

与 ESP 类似，AH 也提供了数据完整性、数据源验证以及抗重播攻击的能力。但注意不能用它来保证数据的机密性(未被他人窥视)。正是由于这个原因，AH 头比 ESP 简单得多。AH 只有一个头，而非头尾皆有。除此以外，AH 头内的所有字段都是一目了然的。

RFC2402 定义了最新版本的 AH，而 RFC1826 定义的是 AH 的一个老版本，现已明确不再推荐对它提供支持。在那份 RFC 文件中指定的 AH 的重要特性仍在新文件中得到了保留，亦即保证数据的完整性以及对数据源的验证。此外，自 RFC1826 问世以来，还出现了一些新的特性和概念上的澄清，它们都已加入新文件。例如，抗重播保护现已成为规范不可分割的一部分，同时增加了在通道模式中使用 AH 的定义。和 RFC1827 一样，RFC1826 也存在着几种具体的实施方案。随着新的 IPSec RFC 的出台，这些不再赞成使用的转码方案也被新方案所取代。

和 ESP 头相似，AH 头也包含一个 SPI，为要处理的包定位 SA；一个序列号，提供对重播攻击的抵抗；另外还有一个验证数据字段，包含着用于保留数据包的加密 MAC 的摘要。和 ESP 相同，摘要字段的长度由采用的具体转码方案决定。但不太一样的是，AH 默认的、强制实施的加密 MAC 是 HMAC－MD5 和 HMAC－SHA，两者均被截短为刚好 96 位。定义了如何将 MAC 应用于 ESP 的同样两份文件：定义 HMAC－MD5－96 的 RFC2403 以及定义 HMAC－SHA－96 的 RFC2404，也定义了如何将它们应用于 AH。

由于 AH 并不通过 CBC 模式下的一个对称加密算法来提供对数据机密性的支持，所以没有必要对其强行填充数据，以满足长度要求。有些 MAC 可能需要填充(如 DES－CBC－MAC)，但至于具体的填充技术资料，则留待对 MAC 本身进行描述的文件加以定义。

AH 的验证范围与 ESP 有区别。AH 验证的是 IPSec 包的外层 IP 头。因此，AH 文件对 IPv4 及 IPv6 那些不定的字段进行了说明。比如，在包从源传递到目的地的过程中，可能会由路由器进行修改。在对验证数据进行计算之前，这些字段首先必须置零。一个受保护的 IP 包的结构如图 8.9 所示。

IP头	AH头	要保护的数据

←　已验证　→

图 8.9　受 AH 保护的 IP 包

AH 文件定义了 AH 头的格式、采用传送模式或通道模式时头的位置、对输出数据如何处理、对输入数据如何处理以及另一些相关信息，比如对分段及重新装配的控制等等。

8.2.4　Internet 密钥交换

随 IPSec 一道，使用了"安全联盟"的概念，用它定义如何对一个特定的 IP 包进行处理。对一个外出的数据包而言，它会"命中"SPD，而且 SPD 条目指向一个或多个 SA(多个 SA 构成一个 SA 捆绑)。假如没有 SA 可对来自 SPD 的策略进行例示，便有必要自行创建一个。此时便需 Internet 密钥交换(IKE)发挥作用了。IKE 唯一的用途就是在 IPSec 通信双方之间，建立起共享安全参数及验证过的密钥(亦即建立"安全联盟"关系)。

IKE 协议是 Oakley 和 SKEME 协议的一种混合,并在由 ISAKMP 规定的一个框架内运作。ISAKMP 是"Internet Security Associationand Key Management Protocol"的简称,即 Internet 安全联盟和密钥管理协议。ISAKMP 定义了包格式、重发计数器以及消息构建要求。事实上,它定义了整套加密通信语言。Oakley 和 SKEME 定义了通信双方建立一个共享的验证密钥所必须采取的步骤。IKE 利用 ISAKMP 语言对这些步骤以及其他信息交换措施进行表述。

IKE 实际上是一种常规用途的安全交换协议,可用于策略的磋商,以及验证加密材料的建立,适用于多方面的需求,如 SNMPv3,OSPFv2 等。IKE 采用的规范是在"解释域(Domain of Interpretation,DOI)"中制订的。针对 IPSec 存在着一个名为 RFC2407 的解释域,它定义了 IKE 具体如何与 IPSec SA 进行协商。如果其他协议要用到 IKE,每种协议都要定义各自的 DOI。

IKE 采用了"安全联盟"的概念,但 IKE SA 的物理构建方式却与 IPSec SA 不同。IKE SA 定义了双方的通信形式。举例来说,用哪种算法来加密 IKE 通信,怎样对远程通信方的身份进行验证,等等。随后,便可用 IKE SA 在通信双方之间提供任何数量的 IPSec SA。因此,假如一个 SPD 条目含有一个 NULL SADB 指针,那么 IPSec 方案采取的行动就是将来自 SPD 的安全要求传达给 IKE,并指示它建立 IPSec SA。

由 IKE 建立的 IPSec SA 有时也会为密钥带来"完美向前保密(FPS)"特性。而且如果愿意,亦可使通信双方的身份具有同样的特性。通过一次 IKE 密钥交换,可创建多对 IPSec SA。而且单独一个 IKE SA 可进行任意数量这种交换。正是由于提供了丰富的选择,才使得 IKE 除了包容面广以外,还具有高度的复杂性。

IKE 协议由打算执行 IPSec 的每一方执行;IKE 通信的另一方也是 IPSec 通信的另一方。换言之,假如想随远程通信实体一道创建 IPSec SA,那么必须将 IKE 传达给那个实体,而非传达给一个不同的 IKE 实体。协议本身具有"请求响应"特性,要求同时存在一个"发起者(Initiator)"和一个"响应者(Responder)"。其中,发起者要从 IPSec 那里接收指令,以便建立一些 SA。这是由于某个外出的数据包同一个 SPD 条目相符所产生的结果。它负责为响应者对协议进行初始化。

IPSec 的 SPD 会向 IKE 指出要建立的是什么,但却不会指示 IKE 怎样做。至于 IKE 以什么方式来建立 IPSec SA,要由它自己的策略设定所决定。IKE 以"保护组(Protectionsuite)"的形式来定义策略。每个保护组都至少需要定义采用的加密算法、散列算法、Diffie - Hellman 组以及验证方法。IKE 的策略数据库则列出了所有保护组(按各个参数的顺序)。由于通信双方决定了一个特定的策略组后,它们以后的通信便必须根据它进行,所以这种形式的协商是两个 IKE 通信实体第一步所需要做的。

双方建立一个共享的秘密时,尽管事实上有多种方式都可以做到,但 IKE 无论如何都只使用一个 Diffie - Hellman 交换。进行 Diffie - Hellman 交换这一事实是铁定的,是不可协商改变的。但是,对其中采用的具体参数而言,却是可以商量的。IKE 从 Oakley 文档中借用了五个组。其中三个是传统交换,对一个大质数进行乘幂模数运算;另外两个则是椭圆曲线组。Diffie - Hellman 交换以及一个共享秘密的建立是 IKE 协议的第二步。

Diffie - Hellman 交换完成后,通信双方已建立了一个共享的秘密,只是尚未验证通过。

它们可利用该秘密(在 IKE 的情况下,则使用自它衍生的一个秘密)来保护自家的通信。但在这种情况下,却不能保证远程通信方事实上真是自己所信任的。因此,IKE 交换的下一个步骤便是对 Diffie－Hellman 共享秘密进行验证,同时理所当然地,还要对 IKE SA 本身进行验证。IKE 定义了五种验证方法:预共享密钥、数字签名(使用数字签名标准,即 DSS)、数字签名(使用 RSA 公共密钥算法)、用 RSA 进行加密的 nonce 交换;以及用加密 nonce 进行的一种“校订”验证方法,它与其他加密的 nonce 方法稍有区别(所谓“nonce”,其实就是一种随机数字。IKE 交换牵涉的每一方都会对交换的状态产生影响)。

将 IKE SA 的创建称为“阶段一”。阶段一完成后,阶段二便开始了。在这个阶段中,要创建 IPSec SA。针对阶段一,可选择执行两种交换。一种叫作主模式(Main Mode)交换,另一种叫作野蛮模式(Aggressive Mode)交换。其中,野蛮模式的速度较快,但主模式更显灵活。而阶段二仅能选择一种交换模式,即 Quick Mode(快速模式)。这种交换会在特定的 IKE SA 的保护之下,协商拟订 IPSec SA(IKE SA 是由阶段一的某种交换所创建的)。

在默认情况下,IPSec SA 使用的密钥是自 IKE 秘密状态衍生的。伪随机 nonce 会在快速模式下进行交换,并与秘密状态进行散列处理,以生成密钥,并确保所有 SA 都拥有独一无二的密钥。所有这样的密钥均不具备“完美向前保密(PFS)”的特性,因为它们都是从同一个“根”密钥衍生出来的(IKE 共享秘密)。为了提供 PFS,Diffie－Hellman 公共值以及衍生出它们的那个组都要和 nonce 一道进行交换,同时还要交换具体的 IPSec SA 协商参数。最后,用得到的秘密来生成 IPSec SA,以确保实现所谓的“完美向前保密”。

为正确地构建 IPSec SA,协议的发起者必须向 IKE 指出:在自己的 SPD 数据库中,哪些选择符与通信的类别相符。这方面的信息将采用身份载荷,在快速模式下进行交换。它对哪些通信可由这些 SA 保护进行了限制。IPSec 结构文档提供的选择符组已大大多于 IKE 协议本身所允许的。IKE 协议既不能表达端口范围,也不能表达“all except(除……外所有的)”构建方式。例如,“除 6 000 外大于 1 024 的所有 TCP 端口”。我们希望在快速模式交换下,选择符的表达规范能够得以扩充,以支持更全面的选择符表达方式。

完成了快速模式下的工作之后,IKE SA 会恢复为一种静止状态,等候由 IPSec 传来进一步的指令,或来自通信对方的进一步通信。对 IKE SA 来说,除非它的存活时间(TTL)到期,或者由于某种外部原因造成了 SA 的删除(比如执行一个命令,对 IKE SA 的数据库进行清空处理),否则它会一直保持活动状态。

“阶段一”交换(主模式或野蛮模式)中的头两条消息也会交换“小甜饼(Cookie)”。它们类似于伪随机数,但实际上只是临时的,而且要受到通信对方的 IP 地址的约束。Cookie 是对一个独特的秘密、对方的身份以及一个基于时间的计数器进行综合散列运算而创建起来的。如果只是不经意地看到,便会发现这种散列运算的结果颇为类似于一个随机数。然而,Cookie 的接收者却能很快地判断它是否生成了 Cookie,方法是对散列进行重新构建。这样便将 Cookie 与对方绑定到了一起,并能针对“服务否认”攻击提供有限的抵抗能力,因为若非经历了一次完整的循环,而且完成了 Cookie 的交换,工作是不会实际执行的!

例如,写出一个例程,用它构建出伪造的 IKE 消息,并用伪造的源地址,将其发到一个目的地。假定响应者(Responder)为了确定自己是在同一个真实的 IKE 通信方打交道,而不是在和一个正在伪造数据库的攻击者打交道,所以事先进行了大量的调查取证工作,那么毋庸置疑,频繁发来的伪造数据包会把它压得抬不起头来(亦即所谓的“服务否认”攻击)。因此,在主模式中，响应者不可进行任何实质性的 Diffie - Hellman 工作，除非它自发起者那里收到了第二条消息，并验证那条消息内确实包含了一个专为那个发起者生成的 Cookie。

野蛮模式并未针对服务否认攻击，来提供这样的保护措施。参与通信的双方在三条消息内完成交换（相反，主模式要用六条），并在每条消息里传送大量的信息。收到第一条野蛮模式消息后，响应者必须进行一次 Diffie - Hellman 乘幂运算，这要在它有机会检查下一条消息（实际是最后一条消息）包含的 Cookie 之前进行。

这些 Cookie 用来标识 IKE SA。在阶段一的交换期间，完成了对收到消息的处理，以及完成了响应的发送以后，IKE SA 便会从一种状态过渡为另一种状态。状态的转变是一蹴而就的。而阶段二的交换却与此不同。阶段二的交换对其本身来说是独一无二的。尽管它受到阶段一的 IKE SA 的保护，但却拥有自己的状态。所以，在通信双方之间，完全可能有两个或更多的阶段二交换同时进行协商，而且均处在同一个 IKE SA 的保护之下。所以对阶段二的每个交换来说，都必须创建一个临时状态机，以便追踪协议的转变。交换完成后，状态就会扔到一边。由于每一个这样的临时状态机都受到同一个 IKE SA 的保护，所以交换消息全都有相同的"Cookie"对。对每个阶段二交换来说，具有唯一性的一个标识符用来将这些交换复合到单独一个管道内，如图 8.10 所示。该标识符称为"消息 ID"。

对一个 IKE 进程来说，有必要向位于任何交换之外的通信对方发送一条消息。这可以是一个通知，告知对方共享的某些 IPSec SA 即将删除；也可以是一个报告，指出遇到的错误。通知消息或删除消息通过另一个独特的交换进行传送，名为"信息交换（Informational Exchange）"。这是一种单向发送的消息，不必专为这种消息的发送设置重发计时器，也不指望从对方收到回音。这种"信息交换"与阶段二的某种交换的共同之处在于，它们都要受到一个 IKE SA 的保护，但都具有独特的性质，并拥有自己的状态机（实际上是一种非常简单的状态）。所以，每个信息交换都有其独一无二的消息 ID，以便能通过单独一个 IKE SA，随快速模式交换以及其他信息交换一起复合传送。

图 8.10 "阶段一"的一个 IKE SA 保护着"阶段二"的多个交换

为正确实施 IKE，需遵守三份文件（文档）的规定，它们分别是基本 ISAKMP 规范（RFC2408）、IPSec 解释域（RFC2407）和 IKE 规范本身（RFC2409）。

第 9 章 身份认证

9.1 身份认证技术概述

1. 网络环境下对身份认证的需求

(1)唯一的身份标识(ID)。

(2)抗被动的威胁(窃听),口令不在网上明码传输。图 9.1 所示为被动威胁示意图。

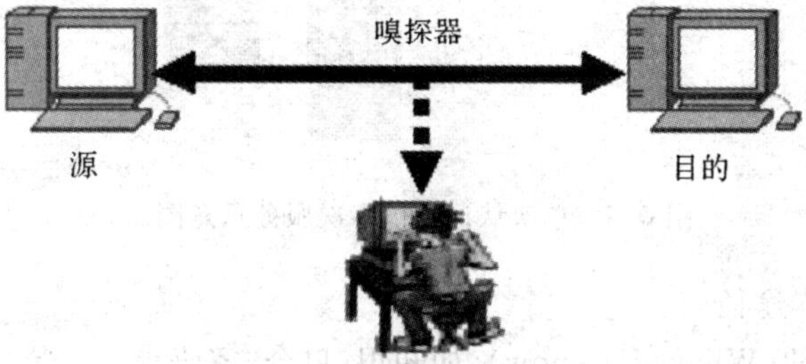

图 9.1 被动威胁示意图

(3)抗主动的威胁,比如阻断、伪造、重放,网络上传输的认证信息不可重用。图 9.2 所示为主动威胁示意图。

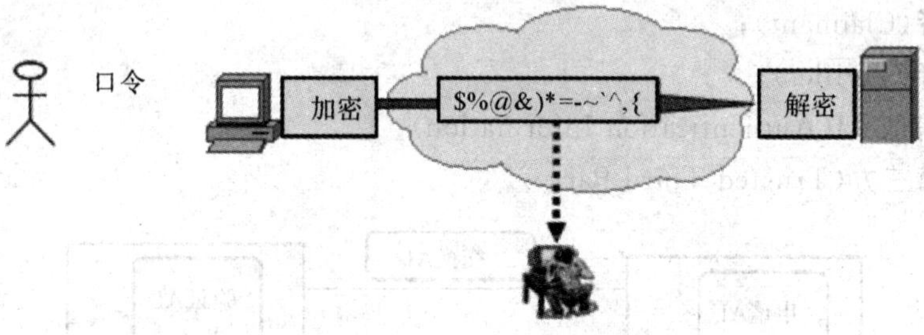

图 9.2 主动威胁示意图

2. 双向认证(见图 9.3)

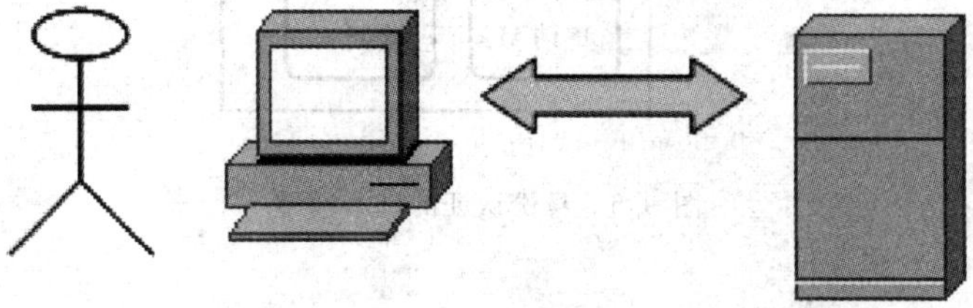

图 9.3 双向认证示意图

双向认证的作用如下：

(1)防域名欺骗、地址假冒等。

(2)路由控制。

(3)单点登录(Single Sign - On)：用户只需要一次认证操作就可以访问多种服务(见图9.4)。

(4)可扩展性的要求。

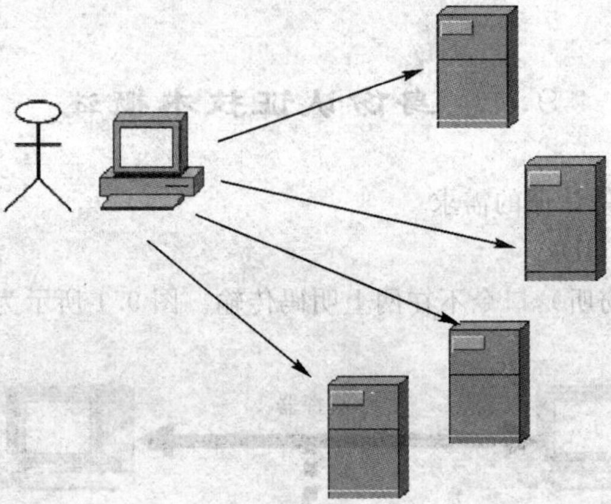

图 9.4 单次认证提供多次服务示意图

3. 身份认证的基本途径

(1)基于你所知道的(What you know)，如知识、口令、密码等。

(2)基于你所拥有的(What you have)，如身份证、信用卡、钥匙、智能卡、令牌等。

(3)基于你的个人特征(What you are)，如指纹、笔迹、声音、手型、脸型、视网膜、虹膜等。

(4)双因素、多因素认证。

4. 身份认证的基本模型(见图 9.5)

(1)申请者(Claimant)；

(2)验证者(Verifier)；

(3)认证信息 AI(Authentication Information)；

(4)可信第三方(Trusted Third Party)。

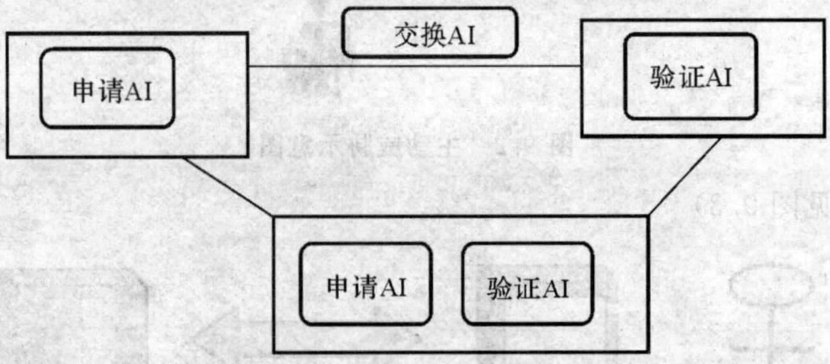

图 9.5 身份认证的基本模型

5. 常用的身份认证技术/协议

(1)简单口令认证；

(2)质询/响应认证；

(3)一次性口令认证(OTP)；

(4)Kerberos 认证；

(5)基于公钥证书的身份认证；

(6)基于生物特征的身份认证。

9.2 基于口令的身份认证

9.2.1 质询/响应认证(Challenge/Response)

质询/响应认证的原理如图 9.6 所示。

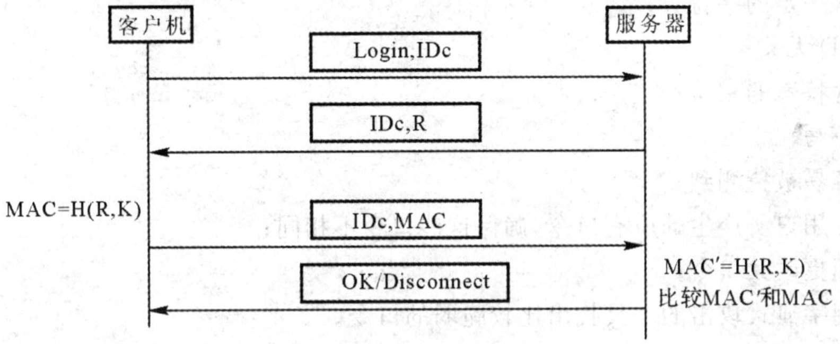

图 9.6 质询/响应认证原理图

MAC 的计算可以基于 Hash 算法、对称密钥算法、公开密钥算法。

9.2.2 一次性口令认证(OTP)

一次性口令认证的原理如图 9.7 所示。

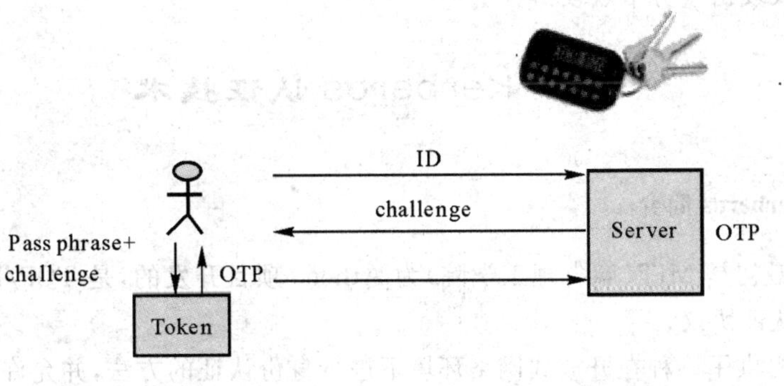

图 9.7 一次性口令认证原理图

9.2.3 口令的管理

1. 口令管理

(1)口令属于“他知道什么”这种方式，容易被窃取。

(2)口令的错误使用。

1)选择一些很容易猜到的口令；

2)把口令告诉别人；

3)把口令写在一个贴条上并把它贴在键盘旁边。

(3)口令管理的作用。

1)生成了合适的口令；

2)口令更新；

3)能够完全保密。

2. 口令的要求

(1)包含一定的字符数；

(2)和 ID 无关；

(3)包含特殊的字符；

(4)大小写；

(5)不容易被猜测到；

(6)跟踪用户所产生的所有口令，确保这些口令不相同；

(7)定期更改其口令；

(8)使用字典式攻击的工具找出比较脆弱的口令。

3. 口令产生器

不是让用户自己选择口令，口令产生器用于产生随机的和可拼写的口令。

4. 口令的时效

(1)强迫用户经过一段时间后就更改口令。

(2)系统还记录至少 5～10 个口令，使用户不能使用刚刚使用的口令。

5. 限制登录次数

免受字典式攻击或穷举法攻击。

9.3 Kerberos 认证技术

9.3.1 Kerberos 简介

Kerberos 最初是 MIT(麻省理工学院)为 Athena 项目开发的，是 TCP/IP 网络设计的可信任的第三方认证协议。

Kerberos 提供了一种在开放式网络环境下进行身份认证的方法，并允许个人访问网络中不同的机器，它使网络上的用户可以相互证明自己的身份。

Kerberos 采用对称密钥体制(采用 DES，也可用其他算法代替)对信息进行加密。

基本思想是：由于 Kerberos 基于对称密码体制，它与网络上的每个实体分别共享一个不同密钥,能正确对信息进行解密的用户就是合法用户。用户在对应用服务器进行访问之前,必须先从第三方(Kerberos 服务器)获取该应用服务器的访问许可证(ticket)。

Kerberos 的基本组织结构如图 9.8 所示。

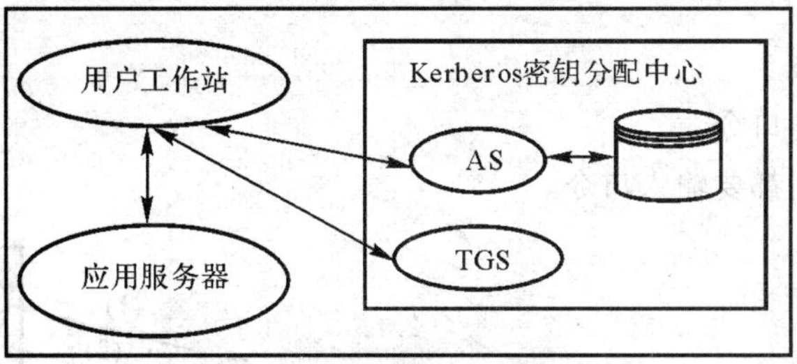

图 9.8　Kerberos 的基本组织结构图

AS:Kerberos Server(认证服务器)。

TGS:Ticket－Granting Service(许可证颁发服务器)。

下面简单介绍一下 Kerberos 是如何工作的:

(1)假设用户要在一台电脑上访问另一个服务器(用户可以发送 telnet 或类似的登录请求)。用户知道服务器要接受自己的请求必须要有一张 Kerberos 的"入场券"。

(2)要得到这张入场券,用户首先要向验证服务器(AS)请求验证。验证服务器会创建基于用户的密码(从用户名而来)的一个"会话密钥"(就是一个加密密钥),并产生一个代表请求的服务的随机值。这个会话密钥就是"允许入场的入场券"。

(3)然后,用户把这张允许入场的入场券发到授权服务器(TGS)。TGS 物理上可以和验证服务器是同一个服务器,只不过它现在执行的是另一个服务。TGS 返回一张可以发送给请求服务的服务器的票据。

(4)服务器或者拒绝这张票据,或者接受这张票据并执行服务。

(5)因为用户从 TGS 收到的这张票据是打上时间戳的,所以它允许用户在某个特定时期内(一般是 8 小时)不用再验证就可以使用同一张票来发出附加的请求。使这张票拥有一个有限的有效期使其以后不太可能被其他人使用。

实际的过程要比上述描述复杂得多。用户过程也会根据具体执行有一些改变。

1. 一个简单的认证对话(见图 9.9)

假设 C 和 V 都必须在 AS 中注册,共享密钥 K_C,K_V。

(1)C→AS:IDc||Pc||IDV

(2)AS→C:Ticket

(3)C→V:IDc||Ticket

Ticket＝EKv(IDc||ADc||IDv)

C＝Client

AS＝Authentication Server

V＝Server

IDc＝identifier of Useron C

IDv＝identifier of V

Pc=password of useron C

ADc=network address of C

Kv=secret key shared bye

AS and V

||=concatention

问题一：明文传输口令。

问题二：每次访问都要输入口令。

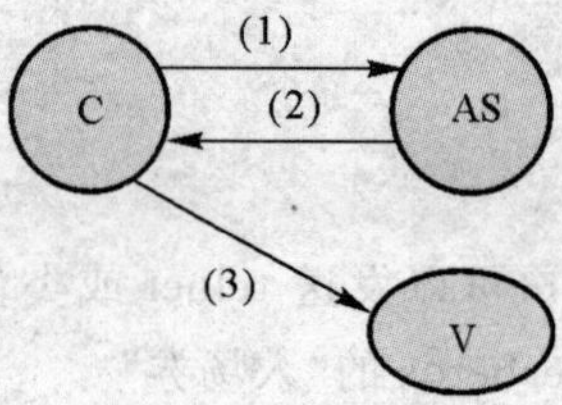

图 9.9　一个简单的认证对话过程

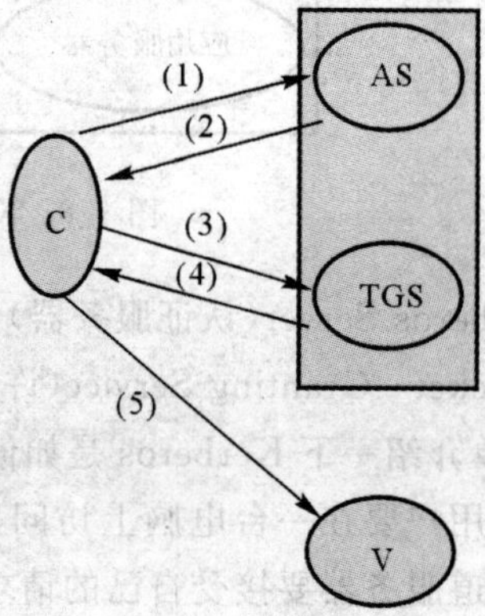

图 9.10　一个更安全的认证对话过程

2. 一个更加安全的认证对话（见图 9.10）

认证对话（每次登录认证一次）：

(1)C ◊AS：IDC||IDtgs

(2)AS ◊C：EKc[Tickettgs]

Tickettgs=EKtgs[IDC||ADC||IDtgs||TS1||Lifetime1]

获取服务票据（每种服务一次）：

(3)C ◊TGS：IDC||IDv||Tickettgs

(4)TGS ◊C：Ticketv

Ticketv=EKv[IDC||ADC||IDV||TS2||Lifetime2]

访问服务（每次会话一次）：

(5)C ◊V：IDc||Ticketv

问题一：口令如果太长，则容易造成重放攻击；口令如果太短，则用户总是要输入口令。

问题二：如何向用户认证服务器。

解决方法：增加一个会话密钥(Session Key)。

9.3.2　Kerberos V4

1. Kerberos V4 的认证过程

Kerberos V4 的认证过程如图 9.11 所示。

2. Kerberos V4 的报文交换

(1)AS 交换，获得 Tickettgs。

1)用户登录工作站，请求主机服务。

C→AS:IDC||IDtgs||TS1

2)AS在数据库中验证用户的访问权限，生成Tickettgs和会话密钥，用由用户口令导出的密钥加密。

AS→C:EKc[Kc,tgs||IDtgs||TS2||Lifetime2||Tickettgs]

其中 Tickettgs=EKtgs[Kc,tgs||IDC||ADC||IDtgs||TS2||Lifetime2]

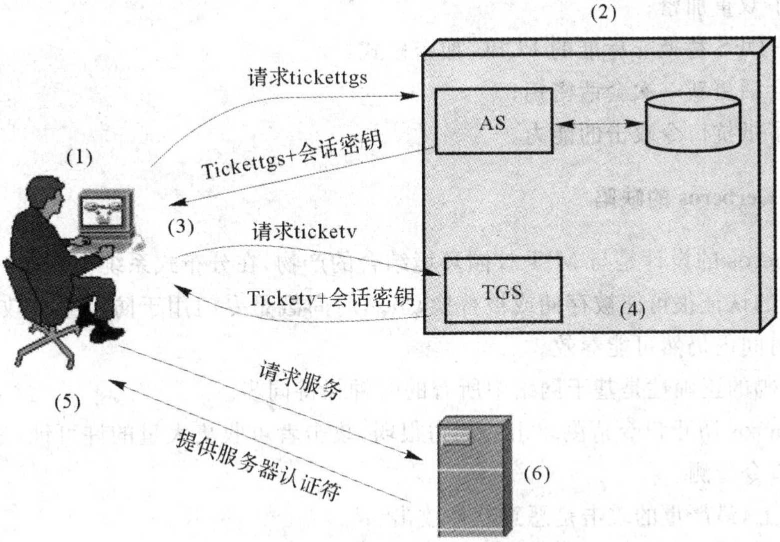

图 9.11 Kerberos V4 的认证过程

(2)TGS服务交换，获得服务票据Ticketv。

1)工作站提示用户输入口令，用来对收到的报文进行解密，然后将Tickettgs以及包含用户名称、网络地址和事件的认证符发给TGS。

C→TGS:IDV||Tickettgs||Authenticatorc

Authenticatorc=EKc,tgs[IDc||ADc||TS3]

Tickettgs=EKtgs[Kc,tgs||IDC||ADC||IDtgs||TS2||Lifetime2]

2)TGS对票据和认证符进行解密，验证请求，然后生成服务许可票据Ticketv。

TGS→C:EKc,tgs[Kc,v||IDV||TS4||Ticketv]

Ticketv=EKv[Kc,v||IDC||ADC||IDv||TS4||Lifetime4]

(3)客户/服务器认证交换：获得服务。

1)工作站将票据和认证符发给服务器。

C→V:Ticketv||Authenticatorc

Ticketv=EK v[Kc,v||IDc||ADc||IDv||TS4||Lifetime4]

Authenticatorc=EKc,v[IDc||ADc||TS5]

2)服务器验证票据Ticketv和认证符中的匹配，然后许可访问服务。如果需要双向认证，服务器返回一个认证符。

V→C:EKc,v [TS5+1]

9.3.3　Kerberos V5

Kerberos V5 具有以下特点：

(1)改进 Version 4 的环境缺陷。

(2)加密系统依赖性：不仅限于 DES。

(3)弥补了 Kerberos V4 的不足。

1)取消了双重加密；

2)CBC－DES 替换非标准的 PCBC 加密模式；

3)每次会话更新一次会话密钥；

4)增强了抵抗口令攻击的能力。

9.3.4　Kerberos 的缺陷

(1)Kerberos 的设计是与 MIT 校园环境结合的产物，在分布式系统中存在一些局限性。

(2)原有的认证很可能被存储或被替换，虽然时间戳是专门用于防治重放攻击的，但在许可证的有效时间内仍然可能奏效。

(3)认证码的正确性是基于网络中所有的时钟保持同步。

(4)Kerberos 防止口令猜测攻击的能力很弱，攻击者可收集大量的许可证，通过计算和密钥分析进行口令猜测。

(5)实际上，最严重的攻击是恶意软件攻击。

(6)Kerberos 服务器的损坏将使得整个安全系统瘫痪。

(7)在分布式系统中密钥的管理、分配、存储都存在问题。

9.4　基于 X509 公钥证书的认证

9.4.1　X509 认证框架(见图 9.12)

(1)Certificate Authority(CA)：签发证书。

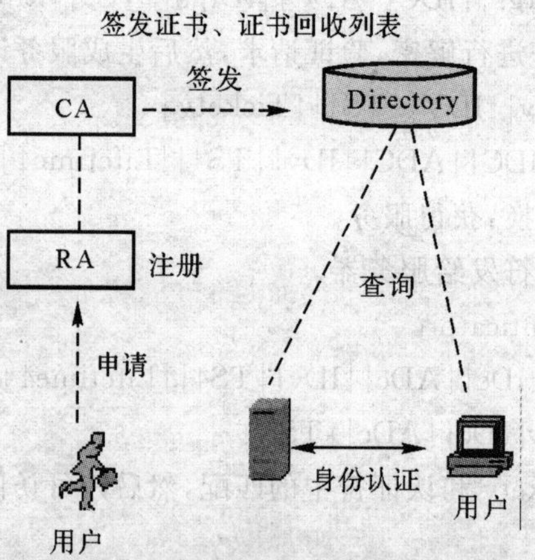

图 9.12　X509 的认证框架

(2)Registry Authority(RA):验证用户信息的真实性。

(3)Directory:用户信息、证书数据库;没有保密性要求。

(4)证书获取:从目录服务中得到;在通信过程中交换。

9.4.2 X509 证书

1. 证书的结构

X509 证书的结构如图 9.13 所示。

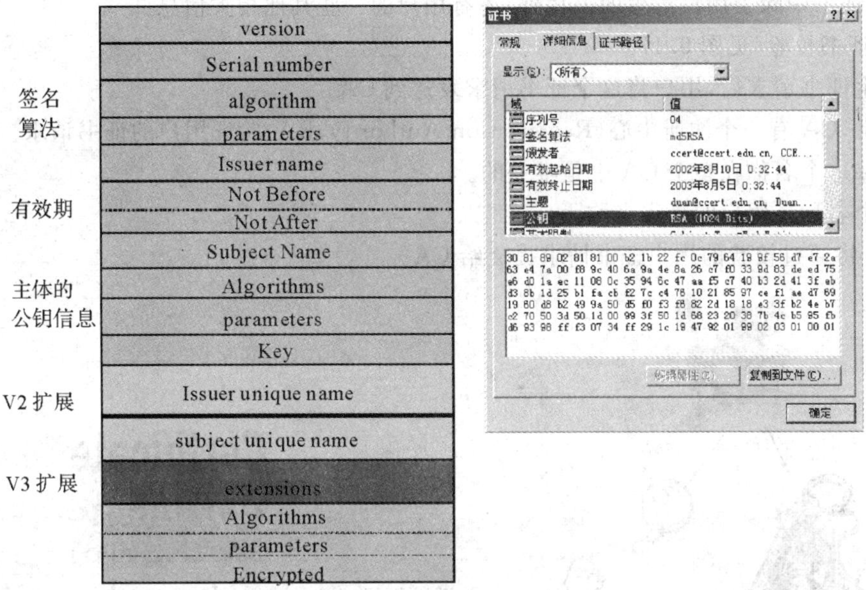

图 9.13 X509 证书的结构

2. X509 证书格式(见图 9.14)

(1)一个 X509 证书将一个公钥与一个名称捆绑在一起。

(2)由一个信任的第三方(即发布者,Issuer)签发证书请求,将一个公钥和一个名称(及其他的一些信息)捆绑在一起。

图 9.14 X509 证书的格式

图 9.15 X509 证书中心

3. 证书中心(CAs)(见图 9.15)

(1)是一个可信任的第三方机构(Certificate Authorities,CAs)。

(2)CA 需要签发自己的证书(即 root CA),并以一种可信任的方式进行分布。

(3)CA 主要负责对用户的密钥或证书发放、更新、废止、认证等管理工作。

(4)CA 可以具有层次结构。

4. 证书申请(见图 9.16)

(1)为了申请一个证书,用户需要先产生一个密钥对(公钥/私钥对)。

(2)私钥被用户所输入的口令加密,并存储在只有私钥拥有者能够访问的地方。

(3)公钥被加入到证书请求中。

(4)证书中除了用户产生的公钥外,还有用户的一些其他相关信息。

5. 证书校验(见图 9.17)

产生证书请求后,用户将这个证书请求发送到 CA。

通常,CA 有一个注册中心(Registration Authority,RA)验证用户的证书请求。

确保这个名称在整个 CA 中是唯一的。

这个名称是用户的真实名称。

RA 将通过校验的用户证书请求提交给 CA。

图 9.16 X509 证书的申请及内容

图 9.17 X509 证书的校验

6. 证书签发(见图 9.18)

(1)符号记法。

CA<<A>>=CA{V,SN,AI,CA,TA,A,Ap}

Y<<A>>表示证书权威机构 Y 发给用户 X 的证书。

Y{I}表示 Y 对 I 的签名,由 I 和用 Y 的私钥加密的散列码组成。

(2)证书的安全性。

任何具有 CA 公钥的用户都可以验证证书有效性;

除了 CA 以外，任何人都无法伪造、修改证书。

(3)签名。

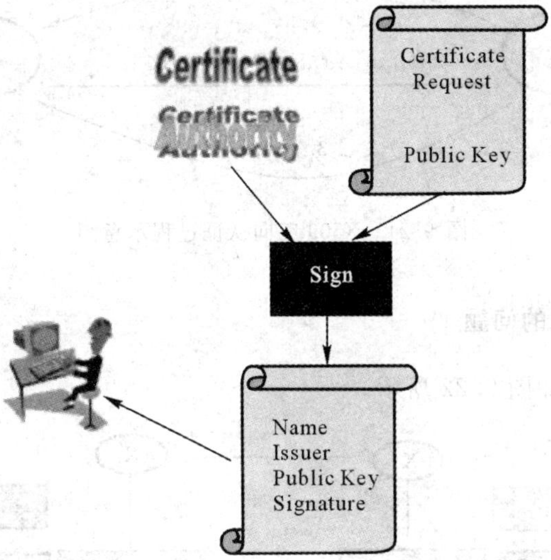

图 9.18　X509 证书的签发

9.4.3　基于公钥证书的认证过程

1. 单向认证(One－Way Authentication)(见图 9.19)

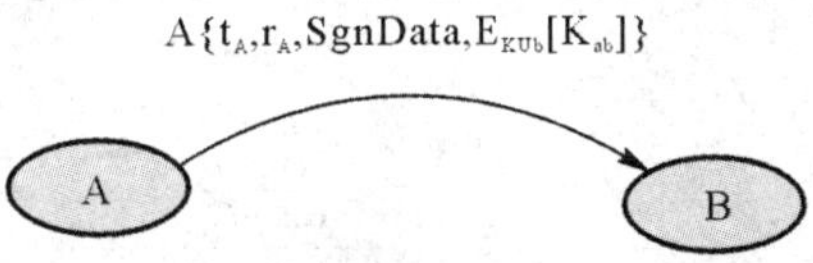

图 9.19　X509 单向认证过程示意图

tA：时间戳。

rA：Nonce，用于监测报文重发的一个随机序列值。

SgnData：待发送的数据。

EKUb[Kab]：用 B 的公钥加密的会话密钥。

B 收到数据以后，用 A 的公钥验证数字签名，从而确信的确是从 A 发送来的；通过 tA 验证时效性，通过 rA 验证没有重发。

2. 双向认证(Two-Way Authentication)(见图 9.20)

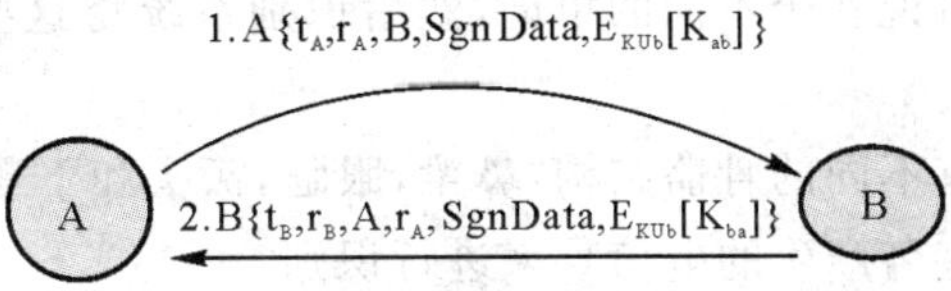

图 9.20　X509 双向认证过程示意图

3. 三向认证(Three-Way Authentication)(见图 9.21)

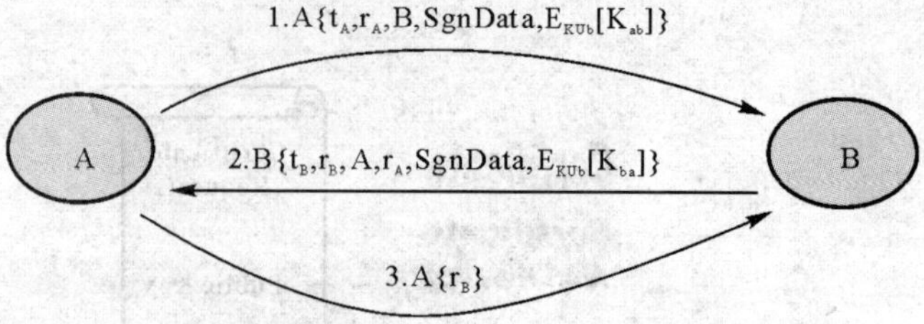

图 9.21　X509 三向认证过程示意图

9.4.4　不同管理域的问题

不同信任域的问题如图 9.22 所示。

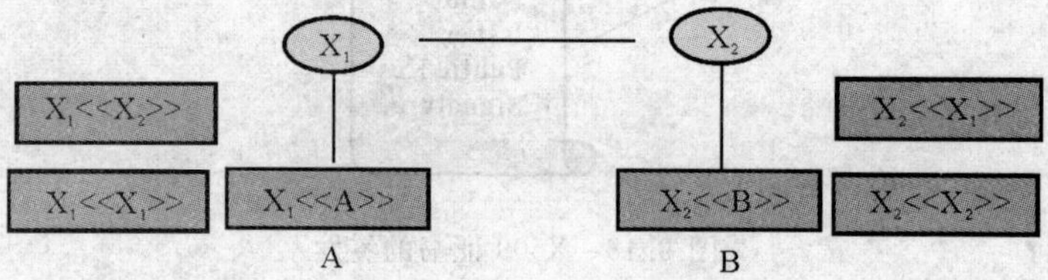

图 9.22　不同信任域的问题

9.5　基于生物特征的身份认证

9.5.1　生物特征及识别

每个人所具有的唯一生理特征,包括指纹、视网膜、声音、视网膜、虹膜、语音、面部、签名等。

(1)指纹。一些曲线和分叉以及一些非常微小的特征;提取指纹中的一些特征并且存储这些特征信息:节省资源,快速查询。

(2)手掌、手型。手掌有折痕,起皱,还有凹槽;还包括每个手指的指纹;人手的形状(手的长度,宽度和手指)表示了手的几何特征。

(3)视网膜扫描。扫描眼球后方的视网膜上面的血管的图案。

(4)虹膜扫描。虹膜是眼睛中位于瞳孔周围的一圈彩色的部分;虹膜有其独有的图案,分叉,颜色,环状,光环以及皱褶。

(5)语音识别。记录时说几个不同的单词,然后识别系统将这些单词混杂在一起,让他再次读出给出的一系列单词。

(6)面部扫描。人都有不同的骨骼结构,鼻梁,眼眶,额头和下颚形状。

(7)动态签名。通过签名产生的电信号来进行识别。

(8)动态键盘输入。

9.5.2　基于生物特征的认证系统的误判(见图 9.23)

(1)第一类错误:错误拒绝率(FRR)。

(2)第二类错误:错误接受率(FAR)。

(3)交叉错判率(CER):FRR＝FAR 的交叉点。

(4)CER 用来反映系统的准确度。

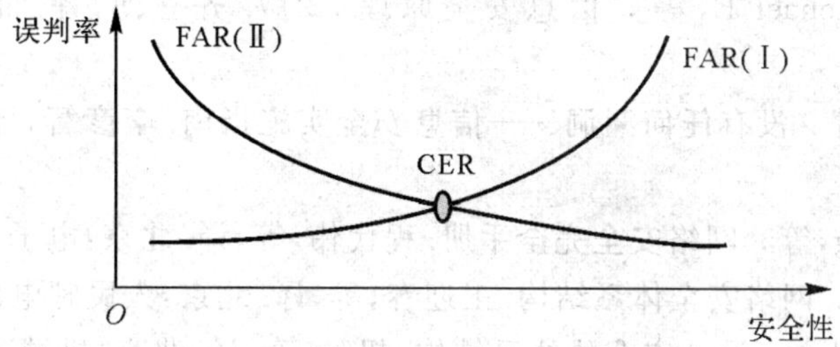

图 9.23　基于生物特征的认证系统的误判

参考文献

[1] Matt Bishop. 计算机安全学——安全的艺术与科学. 王立斌,等,译. 北京:电子工业出版社,2005.

[2] Tlpton,Harolad F,等. 信息安全管理手册. 4 版. 北京:电子工业出版社,2004.

[3] Whltman,Mlehael E,等. 信息安全原理. 2 版. 齐立博,译. 北京:清华大学出版社,2006.

[4] Mark Egan,等. 没有任何漏洞——信息安全实施指南. 李彦智,译. 北京:电子工业出版社,2006.

[5] Boberta Bragg,等. 网络安全完全手册. 程代伟,等,译. 北京:电子工业出版社,2005.

[6] Sean Convery. 网络安全体系结构. 王迎春,等,译. 北京:人民邮电出版社,2004.

[7] Jay Ramchandran. 设计安全的体系结构. 胡骏,等,译. 北京:机械工业出版社,2003.

[8] King Christopher M,等. 安全体系结构的设计、部署与操作. 常晓波,等,译. 北京:清华大学出版社,2003.

[9] Markus Schumache,等. 安全模式——集成安全性和系统工程. 徐璐,译. 北京:清华大学出版社,2007.

[10] 晓宗. 信息安全与信息战. 北京:清华大学出版社,2003.

[11] Stephen Northcutt,等. 深入剖析网络边界安全. 陈曙辉,等,译. 北京:机械工业出版社,2003.

[12] Greg Holden,等. 网络防御与安全对策. 黄开枝,等,译. 北京:清华大学出版社,2004.

[13] Chris Brenton,Cameron Hunt,等. 网络安全积极防御从入门到精通. 马树奇,等,译. 北京:电子工业出版社,2001.

[14] Stuart McClure,等. 黑客大曝光. 钟向群,等,译. 北京:清华大学出版社,2002.

[15] Ed Skoudis. 反击黑客. 宁科,等,译. 北京:机械工业出版社,2002.

[16] John Chirillo. 黑客攻击揭秘篇. 万静,等,译. 北京:机械工业出版社,2003.

[17] fohn Chirilfo. 黑客攻击防范篇. 2 版. 李宏平,等,译. 北京:机械工业出版社,2003.

[18] Eri Cole. 黑客——攻击透析与防范. 苏雷,等,译. 北京:电子工业出版社,2002.

[19] Las Clander,等. 挑战黑客——网络安全的最终解决方案. 陈永剑,等,译. 北京:电子工业出版社,2005.

[20] Victor Oppleman,Oliver Friedrichs,BrettWatson,等. 终极守护——针对黑客的高级防御技术. 袁野,等,译. 北京:清华大学出版社,2007.

[21] Anonymous,等. 最高安全机密. 4 版. 王东霞,等,译. 北京:机械工业出版社,2003.

[22] 沈昌祥,等. 信息安全. 杭州:浙江大学出版社,2007.

[23] 张新华. 信息安全:威胁与战略. 上海:人民出版社,2003.

[24] 沈昌祥. 信息安全工程导论. 北京:电子工业出版社,2003.

[25] 蒋平,等. 信息对抗. 北京:清华大学出版社,2007.

[26] 王越,等. 信息系统与安全对抗理论. 北京:北京理工大学出版社,2006.

[27] 罗森林. 信息、系统安全与对抗技术. 北京:北京理工大学出版社,2005.

［28］ 谢建全.信息、系统安全防护技术.北京:中国宇航出版社,2006.
［29］ 冯登国．密码分析学．北京:清华大学出版社,2000.
［30］ 卢开澄．计算机密码学.北京:清华大学出版社,1998.
［31］ 曹志刚,钱亚生.现代通信原理.北京:清华大学出版社,1992.
［32］ 颜祥林,朱庆华.网络信息政策法规导论.南京:南京大学出版社,2005.
［33］ 马费成.信息资源管理.武汉:武汉大学出版社,2001.
［34］ 刘斌,王春福,等.政策科学研究.北京:人民出版社,2000.